新曜社

シリーズ 環境社会学［六］

鳥越皓之《企画編集》

三浦耕吉郎
麦倉 哲
萩原なつ子
平岡義和
横田康裕
細川弘明

桜井 厚・好井裕明《編》

差別と環境問題の社会学

震災直後の神戸市長田区（毎日新聞社提供）

「シリーズ環境社会学」刊行のことば

シリーズ企画編集　鳥越　皓之

いま私たちは「環境」について考えてみたいと感じはじめている。

この気持ちのなかには大きくはふたつのことが含まれているように思う。ひとつは身近な環境がおかしくなってきて、自分たちは毎日の生活をどのようにとらえたらいいのか、少しばかりわからなくなってきているということである。子どもたちの健康や自分たちの気持ちの上でのゆとりある生活が保証されない方向に社会は歩んでいるのではないか、という疑問がある。

もうひとつは、自分たちの遠いところでおこっていて直接自分たちには関係がないし、また自分自身もそれらに関われないと思えるような事態が、実はとんでもない方向に進んでいるのではないかという不安である。私たちの国では「水俣の公害」が近い過去の例であるし、地球上では、「熱帯林の破壊」や「温暖化」などがすぐに思い出される例であろう。

環境社会学とは、このような課題を社会のカラクリに焦点をあてて分析する学問である。環境問題を生じさせたのは人間であり、それも特定のひとりの人間がおこしたのではなく、人間が寄り集まって社会をつくり、その社会がこのような問題をおこしているのである。したがって、社会の視野からこれらの課題を分析することは理に適っているといえよう。

ただ、環境社会学は環境問題などのマイナス面だけをみるのではなくて、環境計画など自分たちが今後どのような環境をつくっていけばよいのか、将来の人間の理想に向かっても考える学問である。

本シリーズの特色はふたつある。ひとつは現場から考えるということである。抽象的な議論も大切であるが、一度、現場にもどってみて、そこから考えはじめるという「フィールド」主義の立場である。もうひとつは、たんに議論に終わらないで、その解決策をともに考えようとしているところである。ともに考えるということは、本シリーズが、ある施策を読者に押しつけようとするのではなく、施策に結びつく糸口を提示しているということである。その意味で「施策」主義であるともいえよう。

本シリーズではそれぞれの執筆者がとりくんできた事例を大切にしながら、社会学的なとらえ方を平易に述べることに主眼をおいている。そのため、それぞれの事例についての、いっそう詳しい情報や先行研究、社会学的概念や理論については、詳細に記述する紙数がなかった。読者の方々には、次のステップとして、各巻の巻末の「入手しやすい基本文献」や、本シリーズと並行して刊行された『講座　環境社会学』(有斐閣)をぜひ参照していただきたいと思う。

目次

装幀・本文デザイン　山崎一夫
地図制作　谷崎文子

＊本文中の写真は断りのない場合、著者撮影・提供によるものです

序章　差別と環境の複合的問題

桜井　厚

1―環境の不平等とはなにか

地域格差

二〇世紀も最後の年になって、香川県、豊島《てしま》で不法投棄された有害産業廃棄物の公害調停が合意に達した。九〇年、産業廃棄物不法投棄が事件として明るみにでてから一〇年。不法投棄企業をいわば野放しにしてきた行政当局の責任と謝罪が公害調停によって合意文書にもりこまれ、それまで十数年にわたって不法投棄されてきた五〇万トンにもおよぶ大量の有害物質をふくんだ産業廃棄物の撤去の方針が示された。しかし、その計画によっても完全撤去までにさらに二十数年を要するという。

産業廃棄物処分場にかかわる問題は、わが国のあちこちで噴出している。有名になったのは、町長襲撃事件が起きた岐阜県御嵩《みたけ》町の大規模な産業廃棄物処分場建設計画の反対運動である。県行政は地元住民に十分な情報を流さず、業者に便宜をはかり計画を推進、御嵩町執行部も推進に転換したことから、危機感をもった地元住民が新たに町長候補者を擁立して新町長が誕生。あわせて町議選でも新町長派が多数派となり、情報公開条例を制定、処分場建設の一時凍結と産廃問題の調査特別委員会を発足させてこの問題に取り組んでいる。調査によって、前町執行部と県当局の秘密主義があきらかになった。町が業者から高額の「迷惑料」を受け取る秘密の協定書を結んでいたことや県当局が国定公園内における産廃処理施設の設置禁止という環境庁通達を町にひた隠しにしていたことも明るみにでた。

先の不法投棄事件の舞台となった豊島は、瀬戸内海、小豆島に近い人口わずか一六〇〇人足らずの小島である。二〇〇二年でも、青森、岩手県境に国内で最大規模の産業廃棄物の不法投棄現場の問題が報じられている。なぜ瀬戸内の小島や青森、岩手県境が大量の産業廃棄物の不法投棄場所に選ばれたのか。なぜ行政はこの不法投棄を野放し状態で放置しつづけたのか。また巨大な産廃処分場が、なぜ木曽川流域の御嵩町に計画されたのか。こうした実態がつぎつぎ明るみにでることをみると、個別の産廃処理業者の思惑や行政の意図もさることながら、どうもここには地域社会がおかれている構造的な問題が横たわっているようだ。

端的にいえば、廃棄物の広域処理の問題は大都市が地方、とりわけ過疎地に廃棄物の負担を集中させていることである。しかも処理が困難な有害廃棄物処分場こそ過疎地に造られ、それも特定の地域に集中する傾向があるようだ(1)。「産廃銀座」「産廃街道」とよばれる産廃処分場の集中は、どのような問題として考えたらよいのだろうか。

地域差別

こうした疑問への事業者の回答は、「地価が安い」という建設コスト面に言及されることが多い。地価に代表される地域格差の存在が、建設コスト面からみてこうした施設の立地を自然に誘導するというのだ。しかし、この言い分は一面にすぎない。環境に負荷をもたらす施設、俗にいう「迷惑施設」の立地には、金銭的な補償や「迷惑料」などの莫大な費用がかかるからだ。

一九八〇年代、過疎地や辺地にこうした施設が集中することは、すでに原子力発電所やほかの大型原子力施設の立地で問題にされていた。原発は、電源三法交付金をはじめとする金銭的な地元対策、地元自治体に納める固定資産税と直接間接的に住民が原発関連の仕事につくという金銭面で地元を潤す。原発だけでなく、産廃処分場にもあてはまるが、ひとたび施設が造られれば、それが呼び水の役割をはたす。建設側も受け入れ側も経験をもっているためにつぎの計画も立てやすく、また金銭をもらって各種の施設を造った自治体は、その維持のためにさらに多くの金を求めることになる。しかし、たとえば原発施設では、電力会社によるトラブル隠しのように生産する電力はおろか情報公開、意思決定においても地元はほとんど蚊帳のそとにおかれたまま、危険と隣り合わせで過ごすことになる。

能登半島の原発反対運動に取り組みながら原発建設の経緯を分析した八木正は、「なんで原発は、過疎地にばかりできるのか?」という地元住民の素朴な質問に応えていう。①産業不振による過疎化で、労せずして金を得ようとする地方自治体の姿勢、②そういう地域社会ほど保守的な政治・社会風土があって、地元有力者の意向に逆らうことが実際上不可能、③「万一の事故」の発生を想定して人口密集地帯を避け、しかも事故の際の「補償金」が少なくて済む。

くわえて八木は、「過疎」現象は、工業の不振というだけで過疎には当たらない現状であっても、行政当局がそう決めつけていることが多いと述べ、過疎は地域開発や「活性化」政策の口実に使われてきたのだと主張する(2)。同じことを『日本の原発地帯』(一九八八年)の著者、ルポライターの鎌田慧も、「辺地」がいかにも自然にそうなったかのようにみえながら、その実は当該地方の政治力学によって人為的に形成されてきたものであると述べている。地域の現実がどうであるかにかかわらず、「過疎」状況は政治的言説によってつくられ、それを根拠に「開発」を行政が押しつけようとしているという指摘だ。

産廃施設が地域社会のなかでも「山の中腹」「市町村の境界付近」「谷間」に造られている実態(3)は、全国規模では過疎地に造られやすいのとおなじで、そうした迷惑施設が地域の「中心」ではなく「周縁」に位置づけられていることを物語る。「周縁」は人目につかないところであり、日常的にわれわれの意識にのぼることから免れているものである。じっさい廃棄物は、永年、この工業化社会の生産と消費のサイクルのなかで不可視でありつづけ、環境問題の登場でやっと可視的になってきたものである。

『東京に原発を!』というセンセーショナルなタイトルの著書のなかで、ジャーナリストの広瀬隆は、電力の大消費地である都市住民の差別意識を指摘する。「東京の人間たちは、次のように語っているのだ。〈五〇人殺すより、一人殺したほうがいいではないか〉(日本テレビ・ドキュメント81、東京に原発がやってくる、一九八一年一〇月二五日放映)おそろしい言葉である。現地の人びとが殺されることを前提に、いまの原子力発電所が運転されている」(4)。いささか過激な物言いだが、彼はたんに原発だけの問題ではなく、生活様式や価値が東京を中心に編成されている構図の結果として、「東京に住むものだけが、人間として認められる」という差別意識が背景にあるというのだ。この表現は、地域格差がじつは地域差別によって構築されたものであり、その差別はとりわけ享受する環境の不平等と密接につながっていることを示している。

社会的差別と階層構造

核施設の立地が社会的差別と明確にむすびついていることを証す報告もある。原発が被差別部落の集中する地域に立地しているという指摘だ。福井県「嶺南《れいなん》」地区は、県内でも地域的に差別されているといわれるところだが、土方鉄は「福井の原発銀座と被差別部落」と題するルポのなかで、この地の原発建設状況と被差別部落の位置関係を「高浜町でも、大飯《おおい》町でも、美浜《みはま》町でも、小浜《おばま》市でもそのいずれの被差別部落も、この一〇キロメートル圏内であること、高浜の場合、わずか二・五キロメートルという、近さであることを、私はある恐怖をもって、全国の読者に訴えねばならないだろう」(5)と述べている。被差別部落が河原や低湿地、谷間などの悪場所に立地していることが多く、また「部落差別」では出自が差別の表象となるが、なかでも出身地域が強調されることを考えると、辺境での原発の立地と構図的には重なることも肯ける指摘である。この点では、社会的差別としての部落差別も地域差別の変異のひとつと考えてもよい。

産廃処理や原発などの迷惑施設の立地ではなく、そうした産業を担い、そこで働く労働者層を考慮すると、そこにははっきりと社会的差別が働いていることがわかる。伝統的に廃品回収業や清掃業を担ってきた人びとには、被差別部落の出身者や在日朝鮮人など社会的差別を受けていた人が多かった、といわれる。その一方で、先進テクノロジーを集約した原発は、健康被害によってそこで働く労働者の分断をうみだしている。原発労働者は、一般的に社員(本工)労働者と下請け(臨時工)労働者にわけられるが、正社員でない下請け労働者の方が数も多く、しかも被曝線量も大きいことが報告されている(6)。この場合、下請け労働者といってもほとんど孫請け・曾孫請けに属するさらに底辺の労働者であることは想像にかたくない。これらは社会的差別や階層構造が、環境における不平等をうみだす背景にあることを示すほんの一例である。

2―差別の視点からみた環境問題

環境的公正概念の登場

すでにみてきたように、わが国では産廃処分場や原子力施設などの環境に負荷をあたえる施設の立地は、大都市と地方の社会関係のもとで、一方的に地方に負担が集中している状況がある。それはたんなる地域格差というより地域差別とよぶにふさわしいと思えるほど、特定の地域に集中している現実がある。しかしながら、それを「環境差別」とよぶには、いくばくかのためらいがある。その理由のひとつは、差別概念は特定の社会的カテゴリーに対して適用されるものであり、地域という抽象的なカテゴリーに対して適用するには違和感があること。もうひとつは、そうした施設はなんらかの形で地元が誘致しており、しかも地元からは差別の声があがっていないのにもかかわらず、はたして第三者の視点で環境差別と定義できるのだろうか、という懸念である。そこでこうした観点に注意を向けながら、環境差別の概念の背景をなす「環境的公正」(environmental justice,「環境正義」とも訳される)概念について、アメリカ合衆国の歴史的背景をふまえつつ簡単に跡づけておきたい。

そもそも環境的公正の考え方が登場したのは、アメリカ合衆国においてアフリカ系アメリカ人が居住地の環境に大きな不平等を負っている状況があることに気づかれてからであった。八〇年代のなかばに、きれいな環境を手に入れることができる白人の特権は、有色人種の犠牲のうえにつくられ制度化されていることを、環境人種差別(environmental racism)ととらえる視点が登場した。労働者階級や有色人種のコミュニティにおいて、それまでみられた雇用保障や経済的な補償金と環境の悪化のトレードオフ関係に終止符がうたれた。有害廃棄物の埋め立て地、焼却場、公害産業といわれる有害な施設の立地や建設計画が、土地や労働力の安さという経済効率の名のもとで都市のゲットーや農村のアフリカ系アメリカ人コミュニティに集中している状況が、人種差別のひとつの形態とみなされたのである。

アメリカで最初に環境問題で差別が争点となったのは、一九七八年のヒューストンでの下水廃棄物埋立地建設にあたっての裁判であった。人種だけの理由で黒人居住区が市の廃棄物投棄用地としてねらわれていると、公民権法にもとづいて差別だとする裁判がおこされたのである。しかし、当時は「建設許可」がおりるまでの「差別的意図」を証明することができず、住民敗訴になった。すなわち、憲法の差別禁止条項をもとにしたこれまでの裁判では、差別側の意図を立証することが被害者側にとって大きな壁となっていた。しかし、一九九四年の「環境的公正のための大統領令」以降、アメリカ環境保護局の行政不服審査では、それが意図的かどうかにかかわらず、過重な負担を受ける被害者がマイノリティや低所得者層であることさえ立証すればよくなった(7)。公民権運動の流れをくむ「環境差別」の主張は、これまでとは異なるあたらしい環境運動として、あらゆる政府事業や連邦政府からの助成を受ける事業において、人種・階層間に不均等な健康被害をもたらさないことを環境問題の柱にしたのである。

環境的公正運動の特質

この環境的公正をキー概念とする環境運動は、いくつかの特質がある。まず、社会的差別との関連では、つぎの点に注意をしておきたい。環境的公正運動は一九六〇年代の公民権運動にその根をもつ(8)。その意味では、社会的不平等の是正を求める運動が地域環境にまでその関心を拡大した運動というわけである。しかし、いうまでもなく公民権運動の中心的課題は、教育や職業における機会の平等を獲得することであり、総じて近代社会がめざした「生産」原理にのっとった運動であった。それに対して環境的公正の運動は、公民権運動のレトリックを使いながらも「生産」ではなく

「廃棄」に焦点を合わせている点で、環境主義に特有の脱近代的な性格を表している。

そのうえで、環境的公正運動はこれまでの環境主義とはいくらか様相が異なる。その特質をあらためて整理すると、つぎの三点があげられる。

第一は、「経済か環境か」から「経済も環境も」への変化である。経済的にも政治的にも力の弱いマイノリティのコミュニティへの汚染企業の進出では、いつも「経済か環境か」「仕事か健康か」の二者択一を余儀なくされるのが常であった。その結果、コミュニティ内の住民は受け入れ賛成派(開発派)と反対派(環境保護派)に分裂し、コミュニティのなかの伝統的なつながりが崩壊してしまう。ところが環境的公正は「経済も環境も」「仕事も健康も」といった、これまでの二者択一ではない、両方を実現する視点を提供することになった。

第二として、このあたらしい環境運動は、特定の地域環境の質の低さを問いなおすコミュニティづくりの運動の一環として位置づけられるものである(9)。環境的公正とは、持続可能なコミュニティを支援するための文化的規範と価値、規則、規制、行動、政策にかかわるもので、経済的に豊かで、文化的・生物的な多様性が尊重され、差別のない安全で民主的なコミュニティによって実現されるものである。環境の質の低い地域には、貧困、人種、健康、麻薬、失業などの問題があり、こうしたコミュニティにおける社会問題そのものが、環境問題としてとらえられるようになった。

第三は、伝統的な環境運動がもっているエリート主義的体質への批判を根拠にしている点である。アメリカ環境主義に対するエリート主義という批判は、おもに担い手の偏り、運動イデオロギー、そして運動の影響という点でなされている。伝統的環境運動の主要な担い手は、典型的には上層中産階級の白人男性であり、人種的偏りがあることが指摘されてきた。また伝統的な環境団体は、野生生物や原生自然の保護、資源保全、汚染除去、産業規制を訴えながらも、「生活の質」や地域の生活環境については等閑視し、主流の環境運動から貧困層やマイノリティ居住区の環境問題を排除してきたことも、九〇年代に入って指摘されるようになった。こうして、環境的公正運動は公民権運動家や黒人教会などが中核となりながらも、地域の草の根環境運動が母胎となって組織化されてきたのである。

3―環境問題への批判的な視座

では、一般的に環境問題を差別との関係でとらえるにはどのような視座が必要だろうか。上記のアメリカにおける環境的公正概念の成立を参照しながら、本書がよって立つ基本的な考え方を三点あげておきたい。それは、これまで環境主義や環境社会学が、環境問題に取り組む際に差別問題をどのように取りあげてきたのか、あるいは回避してきたのか、を批判的にとらえかえすための視座である。

脱人間中心主義への違和感

まず、環境主義や環境社会学における「脱人間中心主義的」傾向についてである。欧米の伝統的な自然保護運動のなかでは、自然や生物に対して人間が特別に優位であることは自明とされてきた。これはダンラップらが「人間特例主義パラダイム」とよぶものである。これに対して、一九七〇年代以降、人間をほかのすべての生物や自然物、地球などとも同列に考える「脱人間中心主義」の見方が登場し、その程度において異なるにせよ、これを主たる見方とするのが現代のさまざまな環境主義である。これは、典型的には「ディープ・エコロジー」に基本的な考え方であり、草の根環境運動やラディカル環境運動はそこに基礎をおく。

B・デヴァルによると、ディープ・エコロジーの支持者は、人間中心主義のもつ人間の傲慢さや権力志向の特質の危険性を指摘し、それが近代産業社会の基本的イデオロギーの一部となっていることを批判する。かれらは純粋に生態系中心の観点から人間中心主義を批判し、「人間の生物圏への干渉がもたらした万物の危機」という感覚を共有している(10)、といわれる。こうした脱人間中心主義の考え方は、ともすれば人間中心主義のもつ人間対自然の非対称図式を批判する立場から、人間もその一部とみなす自然の生態系を強調するあまり、人間社会のなかにある不平等や差異性を過小に評価したり無視したりする傾向がある。環境問題を差別を中核とする社会問題との連関においてとらえようとするとき、こうした傾向には違和感を抱かざるをえない。近代産業社会批判では立場を共有する「緑の社会主義者」やエコフェミニストも、前者が資本主義的生産様式に着目し、後者が家父長制や男性中心主義に焦点をあてることで現代社会の問題性をあきらかにしようとする点で、ディープ・エコロジーの考えと袂をわかっている。

ただ、環境主義の基礎にある自然観にも文化的差異があることを考慮すると、アメリカの環境主義にならって日本をふくむアジアなど非欧米地域のそれも人間中心主義と脱人間中心主義の二つの軸にわけること自体に検討の余地があるのではないか、とも思う。たとえば豊かな原生的自然を背景に自然と人間を対比的にみてきた欧米文化と、ほとんどの自然はなんらかの程度人間の手が加わり、自然と人間をより身近にとらえてきた日本文化とでは、環境主義の見方においてもなんらかの差異をもたらすことになるだろう。これは残された検討課題である。

環境主義者が都市や河川の美化といった表面的な生活環境改善に熱心なのに国内外の差別や貧困には関心をはらわなかったり、企業誘致や開発など多くの政策が豊かな人びとには利益があってもほとんど不利益がないのに、貧しい人びとやマイノリティには不利益をもたらすのはなぜなのだろうか。こうした疑問には、環境主義の担い手や政策決定者の関心が階級や権力の社会構造をそのまま反映しているからである、と応えることができる。環境問題では、行政官僚や企業経営の幹部、科学技術の専門家などのエリートが政策の立案や実施にあたって情報や意思決定の権限を独占している。このエリート主義は、環境的公正の視点からもっとも批判されるもののひとつである。戸田清は、環境破壊は主としてエリートによってもたらされ、被害は非エリートにしわ寄せされ、改善は非エリートの犠牲をともなう、と明解に指摘する(11)。エリート主義がそのままマイノリティや下層の人びとに環境破壊の原因、影響、対策において常に不利益をもたらしているというわけだ。

エリート主義からの脱却

そのうえで、戸田は現代ではエリート主義がみえにくくなっている「逆説事象」もあげている。たとえば自動車公害や合成洗剤汚染については、資本や国家の責任もさることながら非エリートであるふつうの人びとの環境破壊型ライフスタイルも重要な役割を演じていること、原発事故では、影響が全人類、全生命におよぶことにみられるようにリスクが平等化されること、対策においても「加害企業」「汚染企業」の負担が問われる場合があること、など。ただ、エリート主義をわが国の状況で考えると、たとえば、環境運動の担い手では、たしかに自然食品の共同購入運動などに中産階級的な偏りがあるものの、伝統的には被害者救済の運動であって、おもに非エリート層に担われてきたことなど、一定の留保条件がつくことにも注意したい。

上記のエリート主義に陥らずに、環境問題の諸相を差別や貧困などの社会問題をとおしてあきらかにしようとすると、じつは私たち環境問題を研究する者の多くが専門エリートの立場にあることを反省的にとらえかえすところから出発せざるをえない。したがって、あたらしく登場した環境差別の概念を深め変革の知識とするためには、たんにアカデミックなコミュニティ内の議論にとどまっているのではなく、環境問題の実態をそれぞれの地域やコミュニティに固有な知識や見方から解明する必要がある。

さいわいにも環境社会学は、そうしたパースペクティブをいくらか用意してきた。それは「生活環境主義」に代表的に示されるものである。鳥越皓之によると、環境保護には居住者の『生活保全』がもっともたいせつである、とされる。生活環境主義についての詳しい解説は氏の説明に譲るが、生活保全とは具体的に生活にかかわる社会システム、家族や地域社会のさまざまな集団や組織システムの保全のことである(12)。注目すべきは、この立場がエコロジー論が基礎にしている、生きていけるかどうかの「生存」レベルではなく、コミュニティにおいて「幸せな生活」を維持する「生活」レベルを重視していることである。そのためには地域やコミュニティの居住者や生活者の視点を重視し、その視点から環境問題を考えようとするのである。

この「生活」レベルでの環境問題のとらえ方は、アメリカの環境人種差別の告発運動が、それまでの貴重な動植物や美しい森を守ることばかりに専念してきた主流の環境保護運動を批判し、「環境とは、私たちが生まれ育ち、働き、遊び、くつろぐ場所そのものだ」と定義しなおしていることにも一脈通じるものだ(13)。その意味で、環境問題とは差別や貧困などの社会問題を視野に入れた生活環境の問題にほかならず、環境保護運動はその問題解決をめざすコミュニティの変革と形成の運動でもあるといえるだろう。

メディア言説と常識

どのような情報をもっているかで、人びとの環境に対する見方は大きく変化する。たとえば、アンケート調査で「私たちの市域内にゴミ処理施設をつくることに賛成ですか反対ですか」という質問を九〇年代半ばにしたときと、ダイオキシン問題がマスコミで大々的に報じられた九〇年代末にしたときとでは、後者のほうに反対が多くなることが容易に予想できる。そしてなんといっても、私たちに日常的に情報を提供し、しかも影響力が大きいのはマスメディアである。一九九九年、テレビニュースのダイオキシン報道でダイオキシン濃度の調査結果の一部が誤って伝えられ、それが引き金となった埼玉県所沢市の野菜の販売中止騒ぎ。このため地元農家が大きな損害をこうむったことは、記憶にあたらしい。

マスメディアは環境問題がなんであるかを構築するとともに、そこにはらまれる問題を回避する働きをする。社会構築主義の考え方によれば、社会問題は相互行為やコミュニティのなかに登場してくる言説によって構築される。ところが、こと差別問題になると、マスメディアは放送禁止用語の内部規制には神経質になるものの、真っ正面から取り扱うことは少なく、むしろ報道を避ける傾向がある。

語られないことによって、その事象はとくに問題のないものとして受けとめられ、社会問題化されることなく見過ごされる。語られなかったことは、もともと「なかったこと」である。これはマスメディアが特定のコミュニティをこえて、そのコミュニティ外の視聴者や読者に語る場合にあてはまる。

語られなければ問題にならないのではないのか、といえば、むしろ差別は語られないことによって温存され、偏見や差別意識を強化してしまうのだ。特定のコミュニティの言説空間のなかでは「あそこはアレだよ」「あの人は、チョットね」といった不明瞭で明示的に語られないことによって互いに十分了解されてしまうところに、差別の基本的な構造がある。メディアが語らないことは、隠されるべきもの、ふれてはならないもの、とコミュニティ内部では位置づけられる。

差別問題は、メディアが語らないことによって、一方ではもともとなかったことにされて私たちの無理解をうみ、他方では隠すべきこと、ふれてはならないものとして私たちの偏見や差別意識を助長するのである（第3章参照）。こうしてメディアは語らないことによっても、私たちの常識を日常的に形づくっているのである。メディアが環境問題を語るとき、差別をはじめとするほかの社会問題がどのように関連し、位置づけられ、そしてなによりもなにが語られないかを、コミュニティ内で生活する居住者の視点から見極める必要がある。

4—環境問題と差別の連関

本書では、わが国の状況を中心に東南アジア、オーストラリアをふくめて、個別具体的な環境問題を差別との関連で実証的に扱っている。被差別者やマイノリティや低所得層の生活環境から環境問題が問題化される状況には、いくつかのパターンが考えられる。各章のテーマを念頭におきながら、このパターンを整理することで本書の各章への導入にすることにしよう。

差別→環境問題　社会的差別がある事象を契機として環境問題を生起させる、あるいは環境問題が社会的差別の存在をあぶりだす場合である。すでにふれたように、アメリカ合衆国における環境的公正運動では、社会的差別が環境においても過大な負担や犠牲を強いる要因となっていることが指摘された。マイノリティや低所得層といった社会構造的な問題、南北問題といった世界規模での問題が、環境問題をも引き起こしている。

わが国に固有の差別とされてきた部落差別では、すでに一九五〇年代に被差別部落の劣悪な生活環境が差別の現れとして指摘され、六〇年代後半から地域の環境改善を中軸とした法制定のもと、各地で被差別部落の生活環境の改善事業が進められた（第1章参照）。また都市環境の整備では、障害者の社会参加をうながすために、障害者の「移動の権利」としての「バリアフリー」化の運動が八〇年代後半から積極的に取り組まれてきた（第4章参照）。南北問題が背景になっている「公害移転」は、開発か環境保護かで世界規模の大きな問題になっている。より貧しい国への公害移転は、移転させる豊かな国の加害意識を希薄にしている現実がある（第6章参照）。

社会的差別を告発することが生活環境の変革にむすびつき、それがあらためて社会的差別のあり方を照らし出すことによって問題解決の足がかりが提供された。もちろん、こうした生活環境整備がただちに社会的差別の解消につながっているわけではない。環境問題の複雑な構図がその背景にあるからだけでなく（第1章、第2章参照）、環境問題がこうした社会構造的な差別の一側面を照射するにすぎないからでもある。差別をもふくむ社会構造のあり方は、誰が環境を問題として位置づけるかのポリティクスにもかかわっている。環境破壊は地元住民の意向をくまない行政の施策によって生じることが少なくないことは、どこの国でも共通する（第7章参照）が、エリート支配の権力構造が環境問題を引き起こす事例も、このパターンに入れることができるだろう。

地元住民に具体的な被害をあたえることで環境問題があきらかになり、それが結果的に地元住民への周辺地域からの差別意識を醸成する場合である。その結果、被害住民にとっては環境被害がスティグマ化されて自己に内在化され、自己や当該地域を否定する契機になってしまうことも少なくない。水俣病の被害者にむけられたまなざしや先進工業国が途上国を見る視点は、そうした事例の代表的なものである（第6章参照）。「産廃銀座」「原発銀座」に象徴的に表現される地域差別も、そうした迷惑施設の集中化によっていっそう強化されているのである。

環境問題→差別

人びとが環境問題に取り組む過程で、そうした実践自体が人びとがなかば自明視してきた差別的価値や社会的差別を前提に成立していることがあきらかになる場合がある。また、環境問題がこれまでの規範や価値、生活様式などに疑問を投げかけ、生活や生き方に対する見方の根本的な変革をうながすこともある。

環境問題×差別

無農薬野菜や環境にやさしい製品の共同購入組織が、女性の支払われない労働（性別役割分業）を前提として構成されていたり、原発反対運動において声高に叫ばれるキャッチフレーズが、「安全な環境を次世代に引き継ぐ母親としての責任」という言説であったりするとき、環境運動の担い手は性差別的な構成をあらかじめ組み込んでいるのである。それは環境運動にいくらかうさんくささをまとわせることになる。環境主義が生活変革をめざすかぎり、そこに担い手自身の位置が社会的差別とどのようにからんでいるか、慎重に見極める必要がある。

環境政策や人口政策は、女性の身体管理を当然のこととみなす差別と抑圧の構図を組み込んでいる。リプロダクティブ・ヘルス／ライツは、これまで国家、宗教、家父長制によって統制されてきた女性の身体を、女性自身の手にとりもどすことである（第5章参照）。同時に、女性の性と生殖に関する健康は、環境ホルモンなどのあたらしい環境問題を掘り起こすとともに、それが扱われる際のジェンダーの非対称性までもあぶりだしている。

近代産業社会から周縁化されている人びとの暮らし方は、中心に位置して恩恵を受けている人びとの常識に反省をせまるものがある。先住民族や途上国の人びとの自然環境の見方や生活様式が、欧米化された現代の生活様式に安住している先進工業国の人びとが自明視している自然観や生命観、生活様式を鋭く問いなおす例にはことかかない（第8章参照）。環境問題は、私たちの生活のあり方、常識としてのものの見方そのもののの変革を要請しているのである。

注

（1）藤川賢「産業廃棄物の広域移動と首都圏―地方関係」『総合都市研究』64、東京都立大学都市研究所、一九八七年、一九五頁。
（2）八木正編『原発は差別で動く――反原発のもうひとつの視角』明石書店、一九八九年、一六頁。
（3）藤川賢、前掲書、一九三頁。
（4）広瀬隆『東京に原発を！』集英社文庫、一九八六年（初版ＪＩＣＣ出版局、一九八一年）
（5）解放新聞社編『被差別部落　東日本編』一九八〇年、一七三頁。
（6）高木仁三郎「核の社会学」井上俊ほか編『岩波講座現代社会学25　環境と生態系の社会学』岩波書店、一九九六年、七三―八八頁を参照。高木は、差別がみられるものとして、このほかに核実験の行われた場所とその被害者、ウラン採掘場所、原発や核燃料サイクル施設・廃棄物施設の立地、核災害の被害者などをあげ、核テクノロジーにまつわる困難のしわ寄せは、底辺あるいは辺境の人々や社会に押しつけられているとしている。

(7) 本田雅和、風砂子・デアンジェリス『環境レイシズム』解放出版社、二〇〇〇年、参照。

(8) R・D・バラード、B・H・ライト「環境的公正を求めて―アフリカ系コミュニティでの環境闘争」R・E・ダンラップ、A・G・マーティグ編、満田久義監訳『現代アメリカの環境主義――一九七〇年から一九九〇年の環境運動』ミネルヴァ書房、一九九三年、を参照。

(9) 高田昭彦「アメリカ環境運動の経験」井上俊ほか編、前掲書、参照。

(10) B・デヴァル「ディープ・エコロジーとラディカル環境主義」R・E・ダンラップほか、前掲書。

(11) 戸田清『環境的公正を求めて――環境破壊の構造とエリート主義』新曜社、一九九四年、を参照。

(12) 鳥越皓之『環境社会学の理論と実践』有斐閣、一九九七年、一九頁。

(13) 本田ほか、前掲書、二九頁。

第1章　差別と環境問題のはざまで
——被差別部落の生活環境史

桜井　厚

1——迷惑施設

地元の利害

ある地域でもちあがったひとつの出来事から話をはじめることにしよう(1)。

A地区は戸数一〇〇〇戸余りの集落で周囲には田園風景がひろがる。おなじ行政市域に属するとはいえ、隣接のB地区の集落とは一キロメートルほど離れている。A地区集落とB地区集落のあいだの平坦な田園のなかに、異様に盛り上がった雑草地がある。高さが数メートル、幅は百メートル、長さは二〇〇メートルにもおよぶだろうか。近づいてみると、赤茶けた土のなかからガラス片やビニールが顔を出している。そこへは一筋の進入路がついていて、その行き止まりには大型のクレーンと銀色に輝く炉が建っている。

ある年、A地区住民から「なんかおかしなもん」ができているという声があがった。住民の訴えで自治会役員が見学に出かけたところ、そこにあたらしい焼却炉が完成しつつあった。焼却炉は盛土のかげになってA地区の民家からはみえにくいが、集落からは至近距離である。当時、マスコミではダイオキシンの問題が大々的に報道されつつあった。「こりゃ、えらいことやな」。役員は完成間近な焼却炉をみてあわてた。ここは民間の産業廃棄物処分場なのである。

この地は近くを流れる大型河川の水系にあり、高度経済成長期のおわりごろには質のよい砂利の採取場であった。砂利採取のあとにできた大きな窪地の一部は、その後、処理施設ができるまでの二、三年間、市行政のゴミの埋立地として利用されていた。一九七〇年代後半になると、土地所有者である業者が砂利採取の窪地を建築廃材などの、いわゆる「安定型」の産業廃棄物処分場として利用しはじめる。九〇年代なかば、埋め立て用地もなくなり規制もきびしくなったことで、業者は焼却炉の建設にいたったようだ。この焼却炉は一日の焼却量五トン未満のため、申請だけで自動的に操業の許認可がおりることになっていた(2)。ただ、県行政は操業にあたって「地元」との合意を得ることを条件にしていた。

そのとき「地元」とは、どこが想定されていたであろうか。産業廃棄物処分場がいかにA地区集落に近接するとはいえ、所在地はB地区内であったから「地元」はあくまでもB地区だと考えられていた。行政も業者もそう考え、これまでの処分場の利用にあたって業者は行政の指導のもとで契約更新時にB地区自治会に同意をもらい何度かの更新をおこなってきた。これにならって焼却炉操業にあたっても業者はB地区と合意書をとりかわした。B地区にとっても、永年の業者とのつながりから合意は自然のなりゆきであった。またそうせざるをえない過去の経緯もあった。圃場整備事業に際して、業者は自分の土地を減歩してまで協力していた。そのうえ県当局のB地区自治会への助言も「野焼きされるよりええやろ」といった安易なものであった。「野焼きをして汚い煙が出るよりも、焼却炉をつくってきれいな煙が出るほうがええな」と、B地区自治会は判断した。まして集落は処分場とかなりの距離がある。住

写真1　産業廃棄物焼却炉（滋賀県、一九九八年撮影）
二〇〇二年一二月から焼却炉から出るダイオキシン類の排出基準が厳しくなるが、これを満たさない炉が全国で二割弱にのぼったという（環境省調査、二〇〇二年七月発表）。

民自身がA地区住民ほど危機感を感じることはなかったのである。

それに対してA地区住民の声がこれほど大きくなったのは、ダイオキシン問題や産業廃棄物処理施設問題などのマスコミ報道の情報によってだけではない。すでにA地区は以前から生活面で汚染の被害を受け、処理施設業者や搬入業者といくつものトラブルをかかえていたのである。かつてたびたび野焼きがおこなわれ、洗濯物が汚れたり悪臭が漂ったりした。また、飲料水用の地下水汚染や農業用水の汚染による稲の枯死などの問題も発生した。砂利採取のダンプカーが地区内をわがもの顔に走り、住民が道路を封鎖してダンプカーの運行を阻止する騒ぎもあった。だから業者はA地区とは反対側に進入用の道路を建設したほどである。このように、これまでの生活環境被害とトラブルが、焼却炉新設に対してA地区住民が声をあげる背景にあった。

住民の不安の声をもとにA地区自治会が動き出す。おりしも大阪府では能勢町の府営ゴミ焼却施設のダイオキシン問題が全国ニュースになっていた。自治会役員が中心となって県当局と交渉、さらに近隣の自治会にも呼びかけて学区全体の取り組みを組織する。ほどなく「学区環境浄化委員会」が、A地区、B地区をくわえた近隣八地区で結成された。県行政は、当初、この規模の焼却炉操業の許認可権限をもたないことを理由に弱腰の対応をしていたものの、数回にわたる交渉の結果、「地元」をB地区だけでなくA地区をもふくむ隣接地区と解釈することで、近隣八地区の同意をとりつけるよう業者を指導するようにかわった。

環境問題を考えるにあたって「地元」はおおきな争点になりうるが、県行政は住民の告発を受けて、施設の所在地区から環境被害を受ける可能性のある地区へと解釈をかえたのである。近接するA地区こそが最も被害を受けやすい地区になりうることが予想されたから、A地区から操業反対の声があがり、環境被害を受ける可能性のあるよりひろい地域が「地元」とみなされたのは、ごく当然のなりゆきにみえる。だが、もしこの業者がA地区住民だったら、あるいは公害発生源が地場産業だったら、地元にこれほど明快な対応がみられただろうか。さらに差別という社会的要因がくわわったら……。じつは、A地区は被差別部落なのである。

「悪いもん」

A地区の当時の役員をしていたXさんは、前述の焼却炉操業にからむトラブルの事情をひととおり話しおえてから、ふとつぎのようなことばをもらした。

「わぁ、こらぁええ企業やなあ、ってくるやつがないがな。正直ゆうてよ。悪いもんばっかしやろ。もっとええな、大会社のよ、きれいな何がくるんやったら、アパートでも……ほら、ええなあ、やっぱりここら今まで何したけどちゅうなもんでな、差別の、いろいろなあれがあんねんわ。悪いもんばっかしが、あれやろ」。

A地区には「悪いもんばっかし」がやってくるという。「悪いもんばっかし」というからにはさきの産業廃棄物処分場以外のものもさしているようだ。Xさんのいささかもどかしい口調からしだいにあきらかになったのは屠場《とじょう》(3)のことだった。A地区にはふるくから市営屠場がある。現在の屠場は老朽化し改修の必要にせまられている。行政では、県内の屠場の一本化をめざして、第三セクターを経営母体とする新屠場の建設計画を進めている。建設地は行政区域は異なるものの、A地区に隣接していて、しかも墓地のすぐそばである。

「日本全国探してもよ、先祖さんがな、安らかに眠っている、あの墓の隣で、ほんまの隣やんか、ほんなとこで、ま、(屠場といえば)殺生やわな。坊さんが一所懸命拝んではんのん、片一方は殺生するような、ほんなとこ、どこにあるちゅうね。……県あたり、ほういうのをぜんぜんしらんやろ。ほんでな、たとえばよ、県庁のとこか、ほこらでも(屠場)建てたるとええねん」。

墓地のそばでの屠場の建設に対する批判に聞こえるかもしれない。しかし、どうもそれだけではない。県庁のそばにでも屠場を建てればよい、というXさんの言い方がおおいに気になる。それは、いわば原子力発電所建設に反対する過疎地の住民が「東京に原発を」とさけぶのに似ている。ただ原発の場合は、恩恵にあずかるのはおおくが都市住民であるから、そのようなスローガンも意味をもつ。ところが、現在の屠場にかかわる人びと（屠夫などの職人、食肉卸業者、内臓屋、化製屋など）のかなりの割合を、A地区住民がしめる。語り手のXさん自身も、永年、屠場で働いてきた。屠場はA地区の地場産業といってもよいものである。

その屠場に「迷惑施設」とおなじ意味がこめられて語られる。屠場で働く語り手自身が「悪いもん」と表現せざるをえないというのは、よくよくの思いがあってのことだろう。その語りに込められた意味をときほぐすためには、A地区をはじめとする被差別部落がかかえてきた生活環境の問題をふりかえってみる必要があろう。

2―被差別部落の生活環境

生活環境の問題化

被差別部落において生活環境がおおきな問題となるのは、戦後まもない一九五一年のことである。いわゆる「『オール・ロマンス』事件」を契機とするというのが定説である。これは『オール・ロマンス』という月刊誌に「特殊部落」と題する小説が掲載され、その記述の差別性に対する糾弾を契機に、差別意識が「観念」だけではなく「実態」の反映であることがあきらかにされた事件である。これは、その後の同和対策審議会の答申（一九六五年）や同和対策事業特別措置法の成立（一九六九年）などの行政施策につながる、いわばさきがけとなった出来事である。

著者は保健所で衛生指導の仕事をしていた京都市職員で、受け持ち管内に被差別部落があり、日頃からその実態に精通していたことが作品の背景になっていた。市行政との糾弾交渉のなかで、保健衛生行政をはじめ、土木行政、水道行政、民政行政、経済政策、教育政策などの施策が点検され、ほかの地域

写真2　被差別部落の生活環境（滋賀県木之本町、一九七〇年代前半）
同和対策事業が始まる直前の地区内の不良住宅。

と比較すると被差別部落の生活環境がどの点でも劣悪な状態にあることがあきらかにされた。それは行政施策の怠慢と貧困にもとづく差別によるものとされ、その結果、行政施策に地域環境の改善と貧困からの脱却という「社会的公正」の達成が求められるようになった。

当時、生活環境の劣悪さは差別の結果と考えられたから、環境そのものに価値をおく「環境的公正（環境正義）」の視点はなかった。環境差別の解消あるいは「環境的公正」という視点があれば、被差別部落にとどまらず劣悪な環境への対策がすすめられたはずだが、そうはならなかった。それはつぎの二つの理由によるだろう。ひとつは産業化を推進しようとする当時の時代状況にあっては、環境を価値ある資源とみなす認識はまだ育っていなかったことである。もうひとつは被差別部落の環境が地区外の環境汚染源によって劣悪な状態になっているというより、むしろ環境汚染源となる産業が地区内に存していて、しかもそれが重要な生活基盤となっているという、受苦と受益が重なる複雑な構造になっていたことである。

野間宏は『青年の環』（一九七七年）のなかで、「悪臭」をつぎのように描いている。

「大きな踏切を南に渡ると街の空気は鼻をつく皮革の匂いでみたされる。この獣の皮の匂いは、皮革をなめす薬品、染料の化学的な臭気と混ざり合って強烈に人間の鼻を刺戟する。どんよりとくすぶった匂い、はきだめの塵埃を焼きはらう匂い、腐敗した臓物の匂い、傷口の匂い、膠《にかわ》の匂い、煙の匂い……いろいろな臭気は街なかの大きな皮革工場から、製靴工場から、皮革倉庫から、皮革問屋から発散し、この日本最大の皮の街を覆うている。（中略）この皮革の匂いは現に、この部落の差別の原因となっている一つなのだ」。

この異様で刺戟的な臭気は、「化製場」などの皮革産業が発生源だった。この時期、皮革産業は、部落の有力な地場産業のひとつでもあった。A地区でもかつて三軒の化製場があったが、それを思いおこして地元の人が「ものすごいにおい」と語るほどのものであった。地域環境の劣悪さの一端は、こうした被差別部落の当事者の経済活動によってうみだされたものにほかならなかったから、汚染源を告発するといったやり方で地域の産業を窮地に立たせるわけにはいかなかった。こうした産業は「部落産業」といわれ、部落差別の根拠にもされていたにもかかわらず、なお部落の生活には欠くことのできない経済基盤だったのである。その事情がどのように変わっていくかを、ある被差別部落の人びとの屠場に対する見方の変化から紹介しよう。

「部落産業」の「迷惑施設」化

A地区と同一県内にあるC地区には、七〇年代まで屠場があった。明治のおわりにC地区の属する行政村の村立屠場となり、五六年に町村合併によって町制となったために町立屠場となった。

この地区のかつての暮らしをある住民がつぎのように記述している。「田も畠もなく苦しい生活をしていた。家の裏や山にて獣の皮をはぎ取り、皮を売り、肉も食べたり売って生活の足しにしていた。日雇い人夫が多くいた。一部の者は家畜商を営み、密殺していた者もいた」(4)。一部の家畜商が牛馬を屠場にもちこんでさばいてもらい、枝肉を卸したり肉屋で小売りをしたりした。これらの人たちは「屠畜組合」を形成していたが、多くの人たちは、キツネやタヌキなどの小動物を許可なく家の庭先でさばき、その皮や肉を売って生活を営んでいた。「密殺」とよばれ、戦後の統制令の取り締まりや衛生上の監督の眼をかいくぐって個人的におこなわれた。さすがに五五年頃になると、密殺では衛生環境が悪いということから「小家畜組合」が結成され、小動物も屠場でさばかれるようになった。「小家畜組合」は六〇年代なかばまでつづいた。

この屠場は戦後、二つのおおきな変化を経験した。いずれも地区にとって屠場がどのような意味をもつか、を問われる経験だった。

戦後まもなく、県下でも早い立ち上がりをみせたC地区の部落解放運動は、まず地区の財産づくりの要求に取り組んだ。隣接するほかの地区はおしなべて区有林などの区有財産を持っているのに対し、C地区にはなかった。これは差別の結果ではないかと、解放運動は問題提起をした。戦後の中学校建設に際してもほかの地区は区有林の伐採で財源をまかなったりしていた。解放運動の進展をうしろだてに、地区は村行政になんらかの補償や対策を要求した。村当局はその主張を認め、村有の山林を割譲する案も浮上する。しかし、C地区住民は山仕事の経験がないことから山林の割譲ではなく、みずからが利用している村立屠場の収入からほかの地区の区有財産相当の金額を配分してもらう代替案をまとめ、村当局と合意する。これは、C地区の人びとが、屠場に就業したり利用したりする生活基盤にとどまらない、いわば「地区の財産」という意味をあたえたことを物語る。

ところが、様相はおおきく変化する。六〇年代後半から七〇年代にかけてである。「屠畜組合」員でもあった地元町議会議員の発議で屠場の改築・新築案が町議会を通過し、県当局も認可しようとしていた矢先のことであった。その動きを知って解放運動関係者が屠場の改築・新築案について討議を重ねたところ、地区内での改築・新築に反対し、移転を要求する意見が大勢をしめた。屠場で生計を立てている人はもはや少数であるのに対して、屠場の存在が差別を受ける原因になっているという理由が、まず大きかった。

屠場が差別的な表象として意識される例は、つぎのようなストーリーになって典型的に語られている。都会に働きに行っていた地元の女性が恋人をつれて故郷に帰る。駅からタクシーに乗り行き先を告げると、運転手は「屠場のあるほうか、ないほうか」とたずねる。運転手には屠場は行き先を特定するためのたんなる指標にすぎないのかもしれない。だが、女性はそのことばに「肝を冷やす」というのだ。「屠場がいわゆる（被差別）部落の看板みたいなことになってる」からである。この時期、かつて肉屋を営んだこともある人でも「家から屠場がみえる（から）、塀をして隠したいくらいや」と迷惑がるほどであった。「私らは（仕事上は）関係ないのに、屠場があるために（差別を受ける）」という声が、地元の多くの人から聞かれるようになっていたのである。

環境問題の言説

被差別の表象としての屠場という言説のほかに、この時期、もうひとつの言説が流通しはじめる。環境問題の言説である。地区内では屠場をとおって小川が隣町へむかって流れていた。「その時分やから浄化槽も何もないわけです。で、結局（屠畜の際の）血が流れて行くわけで、ずっと」。また「むらなかへ牛を五頭から一〇頭連れて、こう、道中へ糞をこきもって行かれるわなあ」。屠場をめぐって環境が問題になりはじめる。

こうした住民の声を背景に、C地区は町議会に「陳情書」を提出する。業者の擁護と地元住民の意思を尊重して適切な措置をとることを要望するものであった。人数は少なくても業者もまた地元住民にはちがいなかったから、「新築はよろしいと、はよ〔はやく〕、業者のためにしたらなあかん。そやけど移転しなさい」という主旨のものである。かくして一五年ほどのあいだに、C地区住民にとって、屠場は「地区の財産」から「迷惑施設」へと、その意味を一八〇度転換することになった。

環境問題がしだいに力をえた言説となったことは、七〇年代後半におきた出来事によっていっそうあきらかになる。あるときC地区に同和対策事業の一環として畜産肥育場建設計画がもちあがる。こんどはC地区外の周辺住民から町議会に請願文が提出されている。畜産肥育場建設の再考をうながす文書である。小川の下流住民として川の表流水や地下水の汚染が進んでいること、ハエやカの発生源になるおそれがあること、が反対の理由としてあげられた。

「同対事業が町の優先事業であるとは言え私達多数の住民が祖先より受け継いだ良い環境及び生活

権をおびやかされ、迷惑になるような行政を実施されることは住民無視の行政と言えましょう。……畜産肥育場のような、公害甚大なものは絶対に受け入れる事は出来ません」。

差別意識によるものではないことを周到に断ったうえで、環境保全を理由に建設反対の声があがった。周辺住民にほんとうに差別意識がなかったかといえば疑問が残るが、この時期、環境問題が「迷惑施設」の言説を構成する有力な根拠となりえたことだけはまちがいない(5)。

3—部落産業と差別

解放の言説

被差別部落の地場産業、通常「部落産業」といわれる業種には、上述の皮革・食肉産業のほかに、ヘップサンダルやスリッパなどの履物産業、竹製品、自動車解体や再生資源処理などのリサイクル産業があり、また職種でみれば行商や土木建設業の日雇労働に従事する人も多い。こうした「部落産業」についての部落解放運動の認識は、一九六〇年当時、つぎのようなものであった。「部落産業」は「部落差別によりわが国産業経済の二重構造の最底辺に形成させられ、非近代的部門として、その発展からとり残されてきた」業種であるというものである。そして、このことは部落の人びとが「主要な生産関係から除外されている、すなわち市民的権利、なかんずく就職の機会均等の権利が、行政的に不完全にしか保障されていないために、労働市場の底辺を支え」、「部落産業」に従事せざるをえない状況になっているというものであった（部落解放同盟第一六回全国大会、一九六一年）(6)。

したがって、「社会的公正」は、まず教育や職業面での平等の要求となった。「不安定就労」から脱して生産関係の中核の担い手になること、すなわち大企業などの主要産業の従業員や公務員になることが「社会的公正」の達成とされ、解放運動の目標となったのである。

この言説は、暗黙のうちに「部落産業」を遅れた産業部門、そこからの脱却をめざすべきものとする見方につながった。部落の人びと自身に、「部落産業」の意義を疎んじる意識をもたらしたとしても不思議ではなかった。したがって、前述の屠場に象徴される皮革・食肉産業の「迷惑施設」化をもたらす背景的な要因になりえたともいえよう(7)。

屠場の環境対策

屠場にかかわる業者には、枝肉を扱う食肉卸業者やホルモンを扱う内臓業者のほかに、食肉以外を扱う化製業者がいる。化製業者は、皮、骨、血、脂、頭などを権利として取得した。皮はなめし加工を経て皮革業者や太鼓屋へ、骨は骨粉に、血は乾かしてそれぞれ肥料となった。

「骨はな、蒸製、蒸して、ぅんで粉末にする。もういまはそういうもんが金にならんわ。血は血でとって、血は売れたわけやで。んで、血は肥料ね。戦後、一〇年か一五年ぐらいまでは、われわれ卸業者がよ、出る血を受けて、あれをまた炊いて、肥料にな。ほんで爪は爪でなあ、ボタンとかにみなな、タバコのケースとか」。

屠場でさばかれる牛には捨てるところがほとんどなかったのである。ところが、六〇年代半ばになると、屠場をとりまく状況は大きく変化する。まず、食肉の需要がこの時期から急増した。A地区の市営屠場で処理された牛の頭数も七五年にピークをむかえる。しかし、屠畜頭数がふえたのに対して、これまで化製業者に引き取られていた副製物の多くは、「もって帰ってもらうと、まぁ金をださんならん、そういう時代になっ」た。農業構造の変化にともない化学肥料が普及したことなどから、骨や血などのほとんどの副製物が利用価値のない、いわば「廃棄物」となったのである。血などは、当初、垂れ流し状態だった。しかし、環境問題が登場するにおよんで、しだいに「流れたらいかんいうので、汚水処理をちゃんとせんならん」ようになった。

その結果、汚水処理施設が整備された。牛の係留所の糞、内臓片、血などは汚水とともに浄化槽に流入し、浄化槽のスクリーン・ゴミとして焼却炉で焼却処分されるようになる。この種の環境に配慮したシステムが機能するのは、七〇年代になってからである。A地区の屠場では、七三年に汚水処理施設が新設されている。同県内のほかの二屠場の汚水処理施設は、この数年後に設置された。また八〇年に汚泥脱水機が設置されて、汚水処理水準の向上がはかられた。汚泥は業者に委託されて埋め立て処分されるようになった。

化製場の環境対策

A地区の化製場は地区内にあって関係者の多くが地区住民だったこと、周囲が農村地帯だったことなどから周辺住民から苦情が出るような公害問題にはならなかったようだが、東京や大阪の大都市に位置する化製場は悪臭公害をまきおこした。悪臭防止法制定のきっかけとなったのも、この業態といわれている。高圧釜による蒸し煮工程による水蒸気の悪臭と排ガス処理が不完全なこと、建屋がバラック式で密閉できないこと、廃水処理の不十分なことなどが原因にあげられる。

化製場の法的規制としては、主として、環境衛生の保全を目的とした、設備、設置、運営などの衛生面の規制であった。それは廃棄物や副製物を処理すればことたれりとする観点であって、資源リサイクルなどのエコロジー産業振興の観点は一顧だにされなかった。すでにみたように副製物が有効利用されているうちは廃棄物となるものは少なかったのだから、これらのあらたな利用が考えられてしかるべきであった。

被差別部落にある多くの化製場は、労働環境も悪く、福利厚生面も遅れ、労働力の確保もむずかしい零細企業であったうえに、生産設備の近代化の遅れや工場敷地の狭隘さ、さらに悪臭・汚水対策の不備などの多くの困難をかかえた。なかでも環境対策の困難さによって、近代的な設備を備えた施設への統廃合が推進され、その結果、おおくが廃業の憂き目をみることになったのである(8)。

縁辺労働としての清掃業

屠場から、やはり「部落産業」のひとつといわれる清掃業に目を転じてみよう。環境問題の顕在化は、直接、清掃業の仕事に反映されている。市の清掃局の現業職員となったA地区に住むYさんの最初の仕事は屎尿のくみ取りであった。それからしだいにゴミ収集の仕事がおもになる。当時は、市清掃局にはゴミ処理事業がなく、ふるくからの市街地は業者委託でゴミ回収がおこなわれ、農村部では各家の自家処理にまかされていた。ところが八〇年代になると、「ゴミ問題がその時分からもうかなり深刻になってきましてね。あの、田舎でも、もう自分で処理できんような状況で、不法投棄が結局、あらゆるところにでてきましてね」。Yさんのことばである。

こうした事態に対応するために市はゴミ収集車を購入し、各地区の依頼によってゴミ収集車が派遣された。それから数年後、本格的に市行政によるゴミ回収が開始され、それにともなって焼却や埋め立てに関する衛生・管理のために技術者の資格がもうけられる。Yさんは、市ではじめて「清掃施設技術管理者」の資格を得た清掃部門の「草分け」的存在である。

高度経済成長期以降の清掃事業をつぶさにみてきたYさんは、「清掃事業と部落問題というのは密接にむすびついていましてね」と指摘する。周囲のまなざしは、つぎのようなものだった。

「いわゆる清掃事業というのは、ほとんど、いわゆるまあ、部落の人がやっているから、十分に注意して対応してるとね。たとえば、この作業終わったらかならずタバコとかなんかそういうものを渡したりね。それからまあ、少々乱暴なことをやっても、ま（見ぬふりをしている）。ようするにそういう話が出てきたんですわ。ま、かなりえげつない話も出てくるんですけどね」。

清掃業に対する差別は部落差別を根拠にしている、とYさんは考えている。清掃作業員は「ほとんど部落の人や。全部、部落の人や」という認識をもち、部落の人に対する特定のイメージをもっている人が周りには多いからだという。ここには「部落産業」に対する重要な認識が秘められている。地区の地場産業が「部落産業」であるのは、たんに立地が部落にあるからでも、部落の人がたずさわっているからでもない。その産業に部落外から部落差別のまなざしがそそがれているからである。その意味で、清掃業も「部落産業」なのである。

Yさんは、「（部落の人は）主要な生産関係から閉め出されている。かといって、何もせんわけにいかんから、もう簡単にいけるとこいうのは、清掃関係。（部落の人には）そういう清掃しかなかった時代でね」と説明する。被差別部落の労働形態は「不安定就労」という表現に集約される縁辺労働であり、清掃業はなかでも象徴的なものである。ゴミの悪臭と汚さという表象的な忌避もさることながら、産業社会の価値からみれば清掃業は不生産労働であり、不要な労働であって、経済的価値はほとんどないものだった。清掃業がいかに評価の低いものでしかなかったかは、かつての自治体の貧弱な予算編成においてもあきらかであった(8)。Yさん自身も、当初、こうした清掃業に対する卑屈な見方を共有していたが、のちに「そういう問題がはっきりわかるようになって」、清掃現場の待遇改善を求める組合活動に取り組んでいる。

再生資源処理業の現実

再生資源処理業も重要な「部落産業」のひとつである。A地区の隣の市には、それぞれ約六〇戸、一〇〇戸、二七〇戸からなる三つの被差別部落がある。いずれの地区も戦前、戦後をとおして再生資源処理業を地場産業としてきた。かつて人びとはリヤカーや自転車を引いて近在を回り、鉄屑、古紙、ボロ布などの廃品を回収して地区内の仲買業者に引き取ってもらった。一九六〇年頃までは地区の八割ぐらいの世帯が廃品回収業にたずさわっていた。やはり誰もが異口同音に「これしかなかった」という。しかし、廃品の相場が下がり、個人的に少量を回収しても生活が維持できず、嫌われる仕事であったために、六〇年代には多くが廃業した。九一年で仲買業者は合わせて一四軒、自動車解体業者が二軒あって、こうした大量に扱う老舗の業者だけが生きのびて現在にいたっている(10)。

七〇年に業者が集まって県内ではじめて「□□再生資源処理組合」という組合が結成された。七六年には「□□再生資源処理センター」が完成した。市の同和対策長期計画の一環であった。同和対策では、就労対策も推進された。ところが運動や行政が推進した就労対策はすでにみたように「不安定就労」からの脱皮であって、「公務員のような仕事」に就くか、保険や年金などの保障のある安定した企業への就職であった。それに対して、再生資源処理業は零細で保険制度も充実しておらず、三K（きつい、汚い、危険）といわれる代表的な「不安定就労」業種であって、被雇用者の定着率も悪かった。つまり、市行政の対策は、一方では「再生資源処理センター」を完成させながら、他方では、この種の産業推進、就労促進の対策はおこなわずに、労働者の確保を困難にしたままであった。つぎのような声が聞かれる(11)。

「問題なのは、再生資源の処理を近代化するという構想で再生資源処理センターが話し合われたんではなかったということです。ただ、環境が悪い、部落の看板であるような仕事を封じ込めるという構想から出てきたように思います。設備も当時は微々たるものでしたし、ただ寄り集まったというだけでしたから」。

地区内に回収された廃品、ゴミが野積みのままに放置されていたから、その野積み問題を解消すればよいとする事業でしかなかった。いまや再生資源処理業は、環境問題の一環としてゴミ焼却場の容量が限度に達しつつある現状から考えても、無視できないきわめて重要な産業である。ところが、そうした産業振興の長期的な視点がまったくなく、「『オール・ロマンス』事件」以降の対策とおなじ、現状の生活環境整備という文字どおり「くさいものにはふた」式の発想がみえ隠れするという指摘だ。これは、環境問題への顧慮にとぼしい行政への批判であるとともに、こうした業種や職業への無理解を憤る声でもある。そこには再生資源処理業を重要な価値ある仕事として位置づけることができない、同和対策への批判もこめられている。

自動車解体業

自動車解体業者が自分の体験を語っている。子どもが学校で「おまえのとこ、解体屋やんけ」と言われ、作文に「ぼくは大きくなったら、解体屋みたいな、人に迷惑かける仕事はしない」と書いた。それを知った父親は、子どものために一生懸命働いてきたのに、その息子が「こんなこと書きよった」と嘆いたという。その話を紹介した同業の語り手はつぎのようにつづける。

「解体業はつねに人に迷惑をかけているという負い目を持っているから、つらい。差別について深いところで理解できてないと、弱いんや。おれらは、自分の仕事を人に見せないようにするくらいなら、やらんほうがええと思うし、差別を正していかないかんと思うているけど、弱い人ほど、そういう息子のことばにショックを受ける」。

ここにも、自動車解体業が「迷惑産業」とみられ、正当な仕事としての評価を受けていない現実がある。地域でも無理解がある。環境問題への関心の高まりから、子ども会や婦人会などのボランティアが業者と連携して廃品や資源回収を定期的におこなうことがおおい。しかし、現況では、回収物や再生資源の価格が低迷して採算がとれないため、この協力関係には無理がある、と業者は指摘する。ボランティアが集めたものを回収しても「引きあわへんのに一生懸命やってる。ぼくらの犠牲でゴミが減っていくというのはおかしい。もうけてるといわれるけど、われわれは金払うて処理している。そういう実態はちっとも知られてへん」。

こうした業者の声は、再生資源処理業やゴミ関係の仕事がなお縁辺労働でしかないことを告発している。「ゴミ問題を本気で考えるなら、廃品回収が引き合うように、国や県や市から補助金を出すとか、なんとか検討してもらわんと大変ですわ」。再生資源やゴミの処理を、戦後の工業化の進展の陰で、みずからの生活として支えてきた人びとの悲痛な叫びでもあり、環境問題への警告でもある。

4―環境問題の言説の機能：被差別の表象からあらたな解放の言説へ

地域と就労の改善

被差別部落の生活環境史は、社会的差別と環境問題が密接にむすびつき、たがいに影響しあってきた歴史である。戦後、部落差別は、まず部落の生活環境の「実態」によってとらえられた。そこでの生活環境というのは、地域環境と就労環境である。地域環境の劣悪さは、みずからの生活の糧ともなっていた地場産業にも一因があり、その意味では就労環境ともかかわっていた。すなわち、部落差別は、生活環境の差別としてとらえなおされ、生活環境の改善の施策が地域と就労の両側面から推進された。

一九六〇年代の産業構造の変動と「環境問題」の言説の台頭が、部落内の零細で近代的設備を持たない地場産業の「環境問題」を浮上させ、その結果、それまでの社会的差別の言説は、「部落産業」が公害発生源であるといった〈環境問題の言説〉にとってかわられるようになった。その一方で、就労環境では、〈解放の言説〉によって大企業の被雇用者や公務員になる進路が推奨されたから、部落の地場産業の暗黙の否定あるいは過小評価につながる見方が部落の人びとに醸成される一因となった。部落の人びとの間で地場産業の意義や仕事としての価値が失われ、〈被差別の表象〉の側面だけが相対的にクローズアップされて意識されるようになった。これまで部落の生活を支えてきた地場産業の「迷惑施設」化は、部落外からは〈環境問題の言説〉によって、部落内からは被差別の表象としての「部落産業」を忌避する自己疎外によって、二重の意味を内包して進行したのである。

産業社会の価値をこえて

しかし、〈環境問題の言説〉は、「部落産業」の価値下落に手を貸しただけではない。その意義に注目する機能もはたしている。「部落産業」のひとつとされる清掃業や再生資源処理業が、それである。

産業社会の価値は、生産物の消費や生産手段の老朽化にともなう廃物の処理については等閑視してきたから、ゴミや廃物を扱う産業や職種は産業社会の周辺に位置づけられ、長い間、「迷惑産業」とみなされてきた。しかも、「迷惑産業」ということばで清掃業や再生資源処理業の担い手を差別化してきただけではなく、担い手の多くを被差別者にゆだねることによってその種の産業や職種を見下してきたのである。しかし、〈環境問題の言説〉はいまやそうした価値観そのものを問い直し、リサイクル産業としての清掃業や再生資源処理業の意義に光をあてはじめている。

清掃業や再生資源業に従事する被差別部落の人びとが求めているのは、もはや従来の「社会的公正」をめざす同和対策の枠組みではなく、「環境問題」の枠組みにもとづくこうした産業への対策である。それは端的に、これまでの〈解放の言説〉が依拠していた産業社会の価値に再考をせまるものであり、地域環境改善や就労対策などの従来型の社会的公正（同和対策）の枠組みをこえた、あらたな解放の言説の再構築である。

注

（1）以下の聞き取りは、おもに社団法人反差別国際連帯解放研究所しが「生活史部会」の「部落生活文化史調査研究」をもとにしている。

（2）一九九七年から規制がきびしくなり、処理能力が一時間あたり二〇〇キロ以上の焼却炉はアセスメントが必要となっている。政府決定のダイオキシン対策推進基本指針では、二〇〇二年一二月までに九七年に比較して九割削減を目標にしているが、その実現のためには二〇〇キロ未満の小型焼却炉の規制も急務とされ、各自治体が対策を講じている。

（3）家畜などの獣類を解体処理し、食肉や皮などを生産する施設。かつて「無駄になるのは、鳴き声だけ」といわれたほど、食肉だけではなく牛や豚のあらゆる部位が利用され、多様な製品の素材になった。

（4）一九二五年生まれの男性が記録していた日記から引用したもの。

（5）移転候補地は見つからず、その後に高速道路のインターチェンジ建設計画がもちあがる。結局、屠場は業者に補償金が支払われることによって県内の別の屠場を利用する形になり、廃止された。肥育場建設計画への周辺住民の反対については、C地区住民からは「差別の表れではないか」と、疑念の声があがっていた。

（6）「部落産業」に従事せざるをえない状況、という当時の解放運動の認識には、いくらか留保条件をつけなければならない。当事者そのものは職業選択や就労にあたって、かならずしも部落の地場産業を否定的にとらえ、いやいや従事していたわけではないからである。たとえば、桜井厚「〈不安定〉就労は、どのように語られたか」『解放研究しが』九号、一九九九年を参照。

（7）もちろん、ほかの背景となる要因もある。最も大きな要因としては、若年層を中心にほかの産業への就業機会がふえ、同時に地域の流動性が高まったことである。「部落産業」従事者の減少は相対的に部落内での重要性を下げ、他地域での経験は部落の人びとに差別意識の根強さに気づかせ、このため屠場は「迷惑施設」としてより強く意識されるようになったのである。

（8）化製場の一般的な記述については、三輪嘉男「部落と環境問題」『同和行政論Ⅳ』明石書店、一九八四年、が参考になる。

（9）和気静一郎『ゴミって何？』技術と人間、一九九〇年、八四頁。

（10）このうちの一部の業者は、冒頭のA地区が告発した産業廃棄物処理施設をかつて利用していたという、皮肉な事実がある。

（11）以下の語りは、「特集　危機にたつ部落の再生資源業」『部落解放』第三二九号、一九九一年所収の座談会の発言による。

同和対策事業（24頁）

一九六一年に発足した総理府の付属機関、同和対策審議会が、一九六五年に総理大臣の諮問（同和地区に関する社会的及び経済的諸問題を解決するための基本的方策）に対して答申を出した。それが、略して**同対審答申**といわれるもので、以後の同和行政の基本的指針となる。同対審答申にもとづいて一九六九年に「同和対策事業特別措置法」が制定され、国および地方公共団体が、**同和対策事業**を迅速かつ計画的におこなうことと、その予算措置を講ずることが法的に義務づけられた。一九八二年からは「地域改善対策特別措置法」にひきつがれるにともない、従来の同和対策事業は**地域改善事業**といわれることも多い。

同和対策事業の内容は、同和地区の生活環境の改善や産業の振興、就職と教育の機会均等を保障することを主としていた。同対審答申では、〈心理的差別〉と〈実態的差別〉の相互の因果関係が指摘されたが、同和対策事業としてはもっぱら〈実態的差別〉を解消することに精力が注がれ、とりわけ**地域環境の改善**には大きな成果をあげたところもすくなくない。しかも地域環境の改善にあたって、都市計画のような行政主導型ではなく地元住民の意向が重視されたことも特筆すべき点である。同和対策事業は「**環境的公正**」の視点を内包するはじめての施策ともいえた。しかし、地域環境の改善は部落差別意識の一掃とはならなかっただけではなく、それにともなう問題も生じさせた。

まず、地域間にあらたな格差が生じてきたことである。事業には地域指定が前提とされているが、指定のおくれから事業の開始がおくれたり、地元住民が差別をおそれて自ら地域指定を拒んでまったく事業がおこなわれていないところがあるなど、同和地区同士で格差が生じていること。また隣接する非同和地区は事業の対象外のため、物的施設や整備に周辺地区との間で格差が目立ち、かえって周辺住民のねたみ意識や差別意識を助長する結果もうみだした。そこで八〇年代になると、広く住民一般の合意を得ることや格差が生じないような施設整備、また周辺住民も利用できる運営の仕方などが工夫された。

被差別部落の人口構造や人間関係にも大きな影響をもたらした。地区環境の改善のための土地買収によって公営住宅の建設や施設の新設、道路の拡幅をはかったものの、土地売却者が地区外へ大量に流出してしまったり、逆に地区外から相対的な低所得層が流入したことによって、人口の入れ換えがみられる地区があること、さらにこれまでの濃密な近隣関係や強い連帯感が再開発の住宅移転などで希薄化してしまった問題点などが指摘されている。

（桜井　厚）

部落産業（30頁）

被差別部落において中小・零細企業が従事する地場産業であり、職業的差別の対象とされる産業である。部落産業は、被差別部落の伝統的職種に系譜をもつ産業をはじめ、部落の多くの人が従事し、部落内に一定の分業体制があって部落内経済に大きな影響をもつ産業で、明治以降にあたらしく定着した産業までもふくむ。業種には、まず皮なめしから太鼓などの皮革・革製品の製造などの伝統的産業があり、革靴・ヘップサンダル・スリッパなどの履物、グローブ・ミットなどスポーツ用品、さらに食肉などの伝統的産業から派生した産業もある。また、産業廃棄物処理や自動車解体、再生資源処理などは、工業化の進展にともなってあたらしくうまれた産業であり、資源や環境の問題と深く関連し、ますます重要性をもましている部門である。くわえて、高度経済成長期からふえた土木建設業なども部落産業のひとつに数えられるかもしれない。

同和対策審議会答申（一九六五年）では、同和地区の産業経済は、差別によってわが国産業経済の二重構造の最底辺を形成し、その発展から取り残された非近代部門を形成している、とされた。部落産業は、部落内の濃密な人間関係を基盤として、慢性的な失業・半失業人口を労働力にした家族や部落ぐるみの労働と協業によって営まれてきた。特徴としては、①経営面における零細性、世襲制、家族的経営、②労働面での家族労働力を中心とする低賃金で零細な雇用労働力、③生産設備、技術、雇用条件面での近代化のおくれ、④労働環境面における経営と労働、職場と住居の未分化などが指摘されている。

部落産業の多くが、労働面での三K（きつい、汚い、危険）的特徴と、環境面における公害発生源としての性格をそなえ、それが差別意識を助長する要因ともなってきた。屠場、化製場および多くの皮革産業では悪臭や汚水処理の問題が永年の懸案になっていた。七〇年代から八〇年代にかけて屠場の再編統合、化製場や皮革企業の移転・集約化が推進され、公害防止のための脱臭装置の設置や汚水浄化設備の改善などの環境対策が積極的におこなわれた。設備改善が全国的に進むなかで、零細な企業体質と組織力の低さからだけでなく、公害対策が十分にとれずに廃業に追い込まれた企業も少なくない。

廃棄物処理産業および再生資源産業は一般家庭や事業所から廃棄される紙類、金属、自動車、繊維、瓶などを買い出し、集荷して処理あるいは資源リサイクルしている業態で、多くを部落の人びとが担ってきた。ふるくは戦前からのくず物収集の流れを受け継いでいたり、戦後にあたらしく金属くずやぼろの回収からはじまったりと、その発端はさまざまである。ただ高度経済成長以降、取扱量もふえ、回収物の野積みの問題、古タイヤや廃電線の野焼きなどによって環境汚染が問題になり、同和対策事業などで共同作業場やストックヤードが建設されるようになった。しかし、産業廃棄物の処分量の増加、それにもかかわらず再生資源の市況の低迷、くわえて労働環境の悪さや経営の不安定さによって、業界では労働者の確保が困難になったり処理能力の限界に達したりと、さまざまな困難をかかえている。この産業が環境保全にはたしている役割を考えると、従来の生産中心主義からリサイクル・システムへの転換、処理・リサイクル技術の開発、業界の労働条件の改善などの総合的対策が、公共的視野から講じられる必要がある。

（桜井　厚）

参考文献　部落解放・人権研究所編『部落問題・人権事典』解放出版社、二〇〇一年

第2章　屠場《とじょう》を見る眼
——構造的差別と環境の言説のあいだ

三浦　耕吉郎

1——二つの情景から

〈第一の情景〉

屠場《とじょう》とは、家畜を屠殺して解体する作業場のことで、屠畜場ともいう。また近年では食肉センター、食肉処理場などと呼ばれることもある。

そうした屠場の近隣への移転に反対する住民運動の取材をしていたときのこと。福島と奈良における二つの住民運動。いずれのばあいも、屠場の建設をあらたに計画する県と、それに反対する住民とのあいだで激しい対立が生じた地域である。県側が、機動隊に出動を要請して強制的に着工をこころみ、それを阻止する住民側と再三にわたって衝突をくり返したという点でも、両者の事例は共通している。

取材の過程で、深くこころに懸かることばがあった。双方の運動のリーダーが、異口同音に「これは住民自治をかちとるための運動である」と述べていたのである。

〈屠場の建設を阻止することが、住民自治につながるって!?〉

当時、一部マスコミや関係団体からこの運動にたいして投げかけられていた「職業差別にもとづく運動である」という批判をかわすために、あえて「住民自治」がうたわれているのではないか、という疑念が私のなかにあったことは否定できない。

しかし、それぞれの運動が、私の目からみて、屠場のひきおこす環境問題について、さらには住民による環境の定義のあり方について、重要な論点を呈示しているようにおもわれたのも事実だった。「屠場建設反対」と「住民自治」とは、はたしていかなる論理によって相互にむすびつくのだろうか？

〈第二の情景〉　小学校三年社会科のある授業風景。

「この仕事を始めたころは、牛をかわいそうやなあと思ったことがあります。でも、この仕事をしているなかで、牛はおいしい肉になってみんなに食べてもらうことの方がうれしいんとちがうかなと思うようになってきたんです。そのために、牛をできるだけ苦しめないように上手にノッキングすることが大事だと考えるようになったのです」

大阪の南港市場で働いている男性が、牛の解体作業の様子やそのさいの自分の思いを、子どもたちにむかって率直に語りかけている。聞いていた子どもたちのなかからは、「一番おどろいたのは、おじさんたちも（牛を）かわいそうだなあと思っていたことです」「この勉強するまで、ずっと前から牛が肉になるのってもっと、もっと、目つぶらんなんほどのものかと思っ（てい）た」等々といった忌憚ない感想がもらされていた……。

この授業は、『食肉・皮革・太鼓の授業——人権教育の内容と方法』において紹介されているものである。著者の三宅都子はこの本のなかで、「多くの食肉市場が公共施設であるにもかかわらず（これまで）地域学習の教材として取りあげられるのは青物市場であり食肉市場ではな」かったという、いわば公然の秘密ともいうべきこうした事態に敢然とメスをいれ、「南港市場で働いている人に学校に来ていただき、子どもたちに話をしていただくという（今回の）学習は大阪市内では初めての取り組みであった」と述べている(1)。

ここでいわれている食肉市場とは、屠場のことにほかならない。

それにしても、大阪市にかぎらず、ほとんどの市町村で、今日にいたるまで屠場が学校教育において正面からとりあげられてこなかったという現実を、私たちはどのように受けとめたらよいのだろう？

2—屠場をめぐる構造的差別

屠場の移転史

屠場差別と呼ぶほかない陰湿な差別行為。それが、いまだにあとを絶たないことが、屠場で働く人たちによって指摘されている。私自身、彼らが自分たちになされるそのような行為にたいしてどれほど神経をつかってきているか（また、つかわざるをえないのか）を目のあたりにしたことがあった。

屠場で働く人びとにたいする根深い偏見。そのなかには、動物を殺すことへの抵抗感から、屠殺や解体などの仕事を残酷だとか汚いとするイメージ、さらには、そうした作業をする人にたいする「自分らとは違う」といった思い込みなど、多様な感情や観念がふくまれている。ふだんは潜在化しているこれらの差別意識がなんらかのきっかけで表面にあらわれるとき、結婚差別や職業差別などといったかたちで屠場差別がひきおこされてきた。

そして、屠場の労働者組合や部落解放同盟はこれまで、屠場の建設に反対する住民運動にたいしても、同様な差別意識が根底にあると批判してきた。たとえば、全横浜屠場労組は、「こうした〈屠場の労働者にたいする〉差別事件が実は起こるべくして起きていること、一人ひとりの市民のなかに根深く差別意識が息づいていることは、横浜屠場の歴史をひもとけば明らかです」と述べる。そして、これまで経てきた移転は、そのことごとくが「差別と迫害による追い立ての連続」だったと、つぎのように概観している。

「『屠場の存在自身が公害』として追い立てられた〈田村屠場〉。『皇族高官が車窓から屠場を見通せるのは困る』として立ち退かされた〈平沼屠場〉。学校建設とともに移転させられた〈南太田屠場〉。……そして地域住民や経営者協議会、労働組合までがこぞって陳情書や署名用紙まで持ち出し、『物心両面の実害が甚大である』として、屠場建設への大反対運動を展開した現在の大黒町など」(2)。

これらの事態に関与したすくなからぬ近隣住民のなかに、さきのような差別意識があったことは予想できる。しかしながら、私は、屠場ではたらく人びとにたいするストレートな差別行為と屠場建設にたいする反対運動とを同列において批判することには問題があるとおもう。なぜなら、反対運動には、差別的な意図だけには還元できないほかの重要な要因がみうけられるからである。

近代日本における都市屠場の歴史が強制移転の歴史であったことは、ひとり横浜屠場にかぎられたことではない。たとえば、神戸の屠場の変遷について、南昭二は、「屠場は当初の内海岸通りから旧生田川尻へ、さらに小野浜海岸へ、新生田川尻の新川地区へ、さらに兵庫東池尻へ、最後に新湊川口尻西尻池村（現在の市営屠場）へと転々と移転した」と書いている。とくに興味深いのは、「これら（の移転）は警察や県、市の命令によるものであり、いずれも人口が増加し密集したために『人家遠隔の地』に移転先を指定されて」いたという点である(3)。

南によれば、「神戸区内とその周辺において人口の増加著しく、人家は密集し市街おのずから膨張したために、一八八三（明治一六）年一月神戸区及び菟原群葺合村に対し、『屠畜場並びに牛蠟製造場及羊豚畜養場を人家遠隔の地に移転すべし』との命令」が市からだされている(4)。また、鎌田慧は、「一九〇六（明治三九）年六月、原敬内相による『内務省令』第十七号で、『屠場の位置』は、『獣畜の搬入、屠肉の搬出……ニ便ニシテ』、次の地域を外れたること、として、その筆頭に、『離宮、御用邸又ハ御陵墓ヨリ五町以内ノ地』が掲げられて」いたという(5)。さらに下って戦後文部省によって制定された『学校施設設計指針』（一九六七―一九九二年）をみると、「校地の環境」を定めた部分で「校地周辺の環境は、健全な人格の形成や豊かな情操の育成にふさわしいものでなければならない。そのためには、次のような施設の周辺には校地を選定しないことが望ましい」とされ、その一項目に「火葬場、と殺場、刑務所等の施設」があげられている(6)。

このようにみてくると、屠場の移転や建設にたいする反対を、たんに住民のなかの差別意識に起因するものといってすませるわけにはいかないだろう。じっさい、屠場が設置される位置にかんしては、法令またはそれに近いかたちでの規制が（それらの根拠を問いなおすことは当然必要だとしても）、はやくからおこなわれていたのである。

屠場の環境問題

さらに、屠場の環境問題、すなわち労働環境の劣悪さや、屠場がもたらすさまざまな公害にたいして、環境整備の緊急性がことあるごとにさけばれてきた経緯もみのがすことができない。その点について、「労働環境の劣悪さや環境整備の不備こそ、屠場にたいする差別そのものである」という屠場労組の主張は、屠場の管理者である市や、雇用者である市場会社や解体会社の側に、労働条件の改善や環境整備をおこたってきたという直接的な責任があるかぎりは妥当しよう。

しかしながら、屠場の環境問題は、管理者や雇用者の差別的な対応のみに原因があるわけではない。戦後の早い時期から、ほとんどの屠場において運営や営業面で巨額な赤字がうみだされてきた。次の節でふれるように、屠場経営における大幅な赤字が、解体作業をする職人の待遇の改善や、施設の改修などの公害対策を遅らせる大きな要因だった。

とすれば、たんに屠場という存在を忌避する意識だけが、屠場の環境問題を問う言説（そのなかには、環境問題を理由にあげて屠場の建設に反対する言説もふくまれる）をうみだしてきたのではないという点は、やはりここであらためて強調されてよいだろう。そうした言説の背景には、これまでみてきただけでも、人口の増加・密集化という都市化現象や、「良質な」教育環境をもとめる学校制度、食肉業の衰退などといった構造的な要因が存在していたのだった。

このように、特定の主体により直接なされる差別行為と区別して、社会の構造的要因によってひきおこされる差別を、私たちは構造的差別と呼ぼう。ただ、これまで指摘した事柄だけでは、まだまだ屠場をめぐる構造的差別の一端にふれたことにしかならない。

3―中小屠場と環境問題

中小屠場の現実

屠場での作業というとき、みなさんはどんな光景を思いうかべるだろうか。たとえばそれは一日に数百頭の牛、あるいは千頭をこえる豚が屠殺され、それらの屠体がチェーンにつられたりベルトコンベアーにのせられ一貫した分業体制のもとで解体されていく、巨大な「食肉工場」のイメージかもしれない。東京や大阪などの中央卸売市場（国内に一〇ヵ所）や地方の指定市場（二十数ヵ所）については、たしかにそのとおりだろう(7)。しかし今日、全国にある約三〇〇の屠場のなかで、そうした大規模な屠場はほんの一握りにすぎない。

むしろ、近代の幕開け以降今日にいたるまで、年間の家畜処理数が数千頭から一万頭規模の、家畜の産地や集散地に点在する中小の屠場こそが、わが国における屠場の平均的な姿であった。そこではたらく職人や従業員の数は、おそらく一ケタからおおくても二〇人程度。その点でも、百人から数百人がはたらく現在の大屠場（食肉市場）とのちがいは歴然としている。

個々の屠場の成り立ちをみると、①かつて江戸時代に草場株（斃《へい》牛馬の処理権）をもっていた皮多村の住民が自分たちの手で村内に設置したり、②近代にはいって行政の方からわざわざ被差別部落のなかに設置したり、③屠場のまわりにあらたに被差別部落が形成されたりといったかたちで、被差別部落と屠場とのあいだに特別ふかい関係のあることは注目されてよい。ただし、過去から現在まで、地理的に部落とは関連なしに設置ないし計画された屠場も数多く存在しており、先にあげた奈良や福島における移転のケースもこれにあたっている。

しかし今日では、そうした中小屠場の多くが、閉鎖の危機にみまわれている。それは、食肉輸入の自由化による打撃もさることながら、のちにとりあげる農水省の食肉流通センター化政策＝既存の屠場を統廃合して食肉流通を近代化する政策とも直接に関連している。

屠場利用者組合と町行政

私たちは、ある小屠場の閉鎖を契機として、それまでにその屠場のかかえてきていた諸問題が一挙に噴きだしている、そんな場面にめぐりあわせたことがある(8)。

それは、開設八五年目にして閉鎖を目前にひかえた町営の屠場だった。食肉の卸業者をはじめ、内臓屋、皮屋、脂屋などからなる「屠場利用者組合」の組合長は、閉鎖によって屠場が遠方になることによる輸送コストの補償が十分でないことを指摘しつつ、さらに町にたいしてたまりにたまった不満をこう語っていた。

「この会館（職人や業者の休息所で、七年ほど前に建てられた）ができるまでは、便所と飯食う食堂もなかったよ。トイレもなかったんです。その当時、会館は業者がたてた。町の助成金も県の助成金もなにもない。会館だけやない。冷蔵庫も（枝肉の保存に不可欠であるために、隣接する土地を買って）ぼくが借金して自分でたてた。本来ならば、あれは町がしてくれんならんもんや。食肉環境衛生等の組合から、清潔にしなさいとか、きれいにせえてゆうて、やいやい保健所のほうから言われてるのにやな。業者がそこまで（会館等の）計画すんのに、町のほうではせんわということでは、ちょっと矛盾してますわな。ほて、また迷惑料て、ぼくらに言わしたらとんでもないはなしやけど……」

写真1　屠場のしごと1（滋賀県近江八幡市、二〇〇二年三月三〇日、桜井厚・岸衛撮影）解体処理の最初におこなわれる「血抜き」の工程。

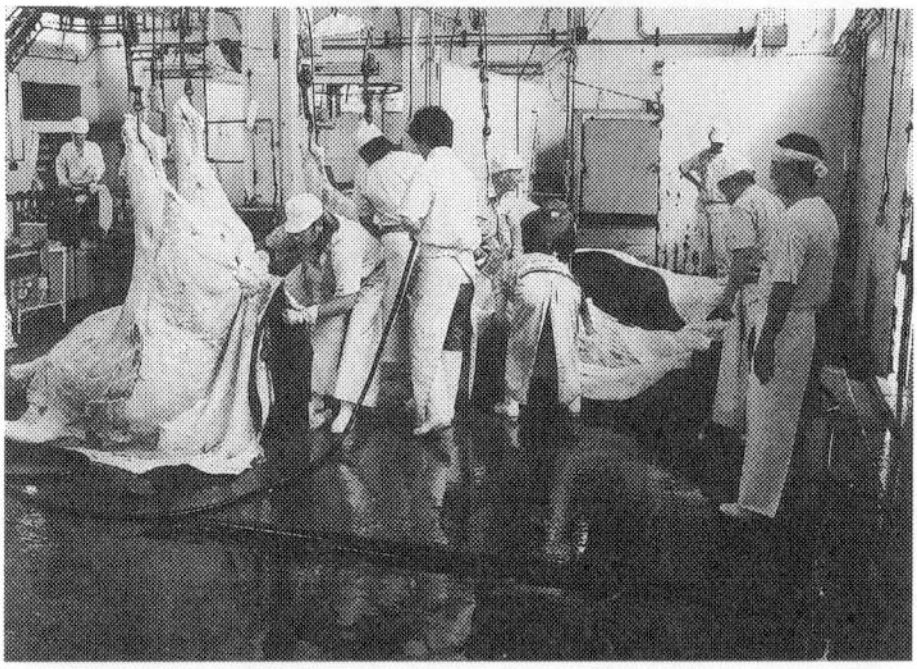
写真2　屠場のしごと2（同上）皮をナイフで剝がしていく工程。屠夫の技がもっとも要請される。

写真3　屠場のしごと3（同上）半割にされた枝肉。このあと冷蔵庫に保管され、後日セリにかけられて食肉卸業者に引き取られる。

さて、こうした話をきいたあと、私たちは、屠場を経営する町側の担当者にあった。まずおどろいたのは、屠場の窓口が畜産課や経済振興課でなく、住民課だったことだ。

閉鎖の直接的な原因は、経営の赤字。屠殺頭数は、ピークだった一九七〇年代はじめの四分の一（年間一二〇〇頭）におちこみ、一頭ごとの利用料（これが屠場の主な収益になる）は五、六倍にひきあげられていた。そして、屠場の利用料からあがる収益は、浄化槽や場内の清掃をおこなう嘱託職員の人件費にあてられてきたということだった。それをきいていて、「おやっ」とおもったことがある。では、屠場ではたらく解体職人（屠夫）たちの賃金は、いったいどこから支払われているのだろうか？

担当者の説明によると、屠場の中枢的な業務をになっている職人たちは、意外にも町の職員ではなかった。三人の職人は、屠場の利用者組合によって雇用されており、賃金は業者の支払う解体料によってまかなわれていたのであった。解体料は一頭につき三八〇〇円の歩合制だったから、近年のように処理する頭数がおちこんでくると、それがすぐさま収入減にむすびついてしまう。こういう事態からも、解体職人という仕事が、その雇用および賃金形態において、きわめて不安定な職種であることがわかる。

こうした事実をみてくると、さきのように会館の建設にかんして業者と町のあいだに大きなしこりがのこっているわけもある程度理解できるようにおもう。おそらく、町にしてみれば、職人や洗い子（屠場で内臓を洗う人）のために福利厚生の施設を整備するのは、雇い主である業者側の責任だという考えがあったにちがいない。

私は、労働条件の改善をおこたった責任は双方にあるとおもう。だが、いずれに責任があるにせよ、職人たちが、トイレや休息所もないような職場環境でながいあいだ仕事をしてこなければならなかったこと自体、きわめて重大な問題である。

とはいえ、町にも言い分があった。小規模な屠場であるために抜本的改修はままならず、汚水処理などの維持管理費がかさみ累積赤字がふくらんでいった。その結果として、施設は老朽化し、衛生的にも十分というにはほどとおい状態だったという。具体的にいえば、汚水処理場の泥土をぬきとるための処理費用を捻出できないために、汚水処理能力がいちじるしく低下して周辺農地に悪影響をおよぼしたり、あるいはカラスの飛来による害（とくに田植え時）のために、近隣住民から苦情がもたらされることもしばしばだったときかされた。

そうした背景があって、近隣地区にたいして「迷惑料」が支払われるべきことが、町議会において決議されたのだという。

「迷惑料」

「迷惑料？」利用組合の組合長の口からこのことばがでたとき、私は、一瞬耳をうたがった。そして、そのあまりに直截的な表現に、あぜんとさせられたのをおぼえている。

組合長の説明するところによれば、「屠場があるために、環境がわるいとか、なんとかゆうて、ここ（の区）からゆうて（要求して）きて、A区に五〇万と、B区に三〇万、年間で八〇万補償してんや、毎年。もう、一〇年ぐらいになるかなぁ」ということだった。私たちは町の担当者からも、当時の区長からそうした要望があったことを確認している。

だが、屠場のせいで環境が悪化したから「迷惑料」をよこせという発想は、どこか本末転倒しているようにおもわれる。むしろ、区として、屠場の環境整備や公害対策を徹底するように、町や県にはたらきかけをおこなっていくのがスジというものだろう。

しかし、「迷惑料」が要求された理由はどうもそれ以外にもあったようなのだ。かさねて問いかける私たちにたいして、組合長は言いにくそうに、こう答えた。「屠場もあるために、そのう、部落がいつまでたってもなくならへんという、そういうな要望書を、(区から) ちょうだいしている」。

この「迷惑料」を要求してきた先というのは、じつは被差別部落だったのである。こうして私たちは、部落にすむ人たちが屠場にたいしていだいている複雑な思いに、はからずも直面させられることになったのである。

4―用地選定をめぐる屠場差別の構造

被差別部落と屠場差別

〈屠場があるために部落がいつまでたってもなくならない〉このような申し立てが、部落のなかからなされているという現実の重みを、私たちは、どこまで十分にうけとめることができるだろうか?

たしかに屠場が存在しているというだけで、世間から差別のまなざしを呼びこんでしまっている現実がある。おまけに、環境上の被害もおこっている。かつてのような収益をもたらさなくなった屠場施設にたいして、むらからでていってほしいとおもう気持ちが生ずるのも理解できる。じっさい屠場をかかえるほかの部落においても、そうした本音が口にのぼらされるようになってきている(9)。

しかし、いかに差別的な現実があるからといって、屠場から「迷惑料」をとったり、あるいは「迷惑施設」として移転をもとめるといった行為が、一面において、屠場にたいする差別に加担する行為であることは否定できない。私たちは、まず、こうした部落のなかから屠場を排斥する動きと、あらたに移転してくる屠場の建設に反対する住民運動とが、現代日本における屠場差別という、おなじ構造の上でおこなわれていることを確認しておくべきだろう。なぜなら、屠場移転にともなう行政による用地選定プロセスの不透明さも、そうした構造と無縁ではないどころか、むしろ、そうした構造をうむ大きな要因であるようにおもわれるからである。

ある県では、食肉センターの移転にさいして、候補地でことごとく地元の反対にあい、結局、部落に隣接したところに、あらたな用地をもとめざるをえなかったという。「泣く泣くここに決まった」という表現が、部落にすむ人びとの無念な思いをつたえていた。

それとは対照的に、はげしい反対運動のおきた福島県や奈良県では、地元の自治会への事前説明がほとんどなされていなかった。いずれも住民が気がついたときには、すでに県によって食肉センターの建設が、ボーリング調査や用地買収といったかたちで開始されていたという(10)。

屠場建設反対の住民運動

たとえば、奈良県の反対運動のリーダーは、住民運動をおこなうにいたったいきさつを、かつて近隣に中央卸売市場が建設されたさいの県の出方と比較しながら、つぎのように述べていた。

「わしはやっぱりな、この県のやり方がな、こんなん、あってはならんことやと思いまんね。で、用地買収かて、一方的にな、そんなん（こっそりと）這いで入るようにな、そんな業者使わんとだっせ、やっぱり県の事業いやあ、県の担当の職員がきてだんなぁ、その順序としては、各自治会また地域では役員さんおられんのやから、前もってやな、日を打ち合せして、そしてやっていくのが（あたりまえで）。この中央卸売市場かて、事前に農林部長がじかに出てきてだっせ、自治会にも改良区にもな（通知して）、ほで地主さんにもきてもろうて、（県の説明をきいたあとに）それぞれ寄って、だいたい結論をやな、こんど県を呼んだときに、ほなここまで（買収価格や付帯事業について）詰めまっせっていうことを打ち合せしときまん。そやからやっぱり、そんな時分のこと思うてるさかい、われわれかてだっせ、こんな無茶なやり方しはるて思うてやしまへなんだ。なおさらだっせ、忌み嫌う迷惑施設だったらだんな。まぁ、そやさかいに、どっこも受けてもらえないもんやさかい、ここがもぅ狙い撃ちされたとゆうことだすわな……」

じつは、この食肉センター事業では、用地買収にあたって民間の業者が仲介しており、利用目的をふせたうえで高額の買値を呈示し、さらに手数料までとっていた。さらに、それにいたる用地選定のプロセスについても、不可解な点がみうけられていた。県の用地小委員会で、二年をかけておこなわれた候補地五ヵ所の選定が、各地元の反対にあって振り出しにもどされた直後に、一ヵ月ほどの検討期間しか経ずにあらたな建設地がここに決定されていたのである。

建設地をどこにもとめてもつよい反対があがることが予想されたために、県側としても、やむなくこのような仕儀にでたのだろう。しかしながら、反対されることがわかっていたのならなおのこと、じっくりと時間をかけて地元住民とはなしあうべきであった。機動隊を導入しての強行的な着工というやり方が、いたずらに住民の反発をまねいたばかりではない。用地選定のプロセスにみられた不透明な権力関係は、今日における屠場差別の構造を是認するものであるのみならず、その構造をいっそう強化するという最悪の結果をもたらしたといわざるをえない。いずれにしろ、屠場建設の反対運動が「住民自治」を前面にかかげた背景には、用地選定にからむこのような事情があったのである。

5―教育環境としての屠場

教育委員会と住民・教員の話し合い

さて、この奈良県のみならず、その他福井県や福岡県でおこった屠場建設に反対する住民運動においても、反対理由の中心に位置づけられていたのは、屠場の建設によってもたらされる地域の教育環境の悪化だった。いずれの場合も、建設予定地の半径数百メートル以内に小学校等の教育施設があったが、とりわけ奈良県の場合は、予定地に隣接して県立の盲学校と聾学校が建っていた。

ただし、このように述べると、〈屠場があることによって地域の教育環境が悪化するだって？ それこそ、屠場差別そのものではないか、けしからん！〉という反応がかえってきそうである。じっさい奈良県側は、ことあるごとに、建設反対派住民のなかにはいまだに食肉業を忌避する伝統的な意識がのこっているという批判をおこなってきた。もしそうなら、この住民運動に投げかけられた「職業差別にもとづく運動である」という批判が妥当していることになる。

以下では、奈良県の教育委員会と地元の住民・教員とのあいだでおこなわれた「話し合い」の記録を参考にしながら、この点について考えてみたい(11)。

「話し合い」におけるおもな論点は、おおきく二つにわけられる。ひとつは、公害や景観等のハード面にかんするもの。具体的には、焼却炉からでる臭気や、豚の鳴声等の騒音、大量の排水、交通量の増加、築山庭園の形状などをめぐって議論がなされた。この点についても、公害をださない最新式の屠場であるという県農林部の主張をくりかえす教委側と、公害のでない屠場はありえないとして各地の屠場の例をあげて反論する住民・教員側とのあいだで、議論はさいごまで平行線をたどった。

もうひとつが、幼児・児童の教育環境にかんするソフト面での議論である。住民や教師は、幼児や低学年児童に屠場のはたらきをおしえることは一般的にいって無理であるという見解を示し（じっさい、学習指導要領においては、この時期の子どもには動植物にしたしむ経験が必要だとされている）、今回の屠場建設を契機として、子どもたちにたいして教育困難な屠場をあえて教えなければならないような環境（盲学校・聾学校の教師は、とくに障害のある子どもに屠場をおしえることの困難さを指摘していた）がうみだされたこと自体が教育環境の悪化にほかならないと主張していた。

教育環境の悪化　これについては、たとえば、つぎのような住民の発言がある。

「私たちの地域にすんでいる子どもたちは、あそこ（食肉流通センター）に牛や豚がおくられてくるのを、みんな見るわけですやん。いままで、牛や豚がおくられてこなかったのに、おくられてくる。しかも、おくられてきた豚が、あそこに近づけば異様な鳴き声を発する。こんなことあったら、子どもたち疑問もつのあたりまえでっしゃないか」

「（障害児を教育する）先生たちだけが教えられないとちがいます。家庭のお母さんがたもおなじです。よう教えません。三つや四つの子どもに、牛がはいっていくのを見て、あれなぁにと言われて、ロースとかいろんなお肉になってお膳に上がるのよなんて、私にはいえません」

一方、教育委員会としては、屠場と教育環境の問題について、住民からの質問にたいする回答書のなかで、つぎのような見解を示していた。

「人間は自然から大きな恩恵を受けながら生きており、自然界の動植物は、人間が生きていく上に欠くことのできないものである。従って、動植物の愛護とは、単に動植物をかわいがるだけでなく、人間の生命維持のために役立ってくれるものに対する感謝の気持ちを抱かせることは、人の命を大切にする心情を育てることにも通じるものと考えている。／本食肉流通センターは、無益な殺生をする施設ではなく、指導の必要が生じた場合には、子供の発達過程に応じて、適切に理解させることができる施設であると考えている」

みなさんは、両者の言い分をきいてみて、どうおもわれるだろうか。

こうした「話し合い」の過程からうかがえるのは、屠場の仕事を子どもたちにおしえることについては、教委の方が積極性をみせているのにたいして、地元の教師や住民たちはきわめて消極的であり、屠場をおしえる立場にたたされることをできるだけ回避しようとする姿勢さえみうけられることである。

そのかぎりでは、住民や教員たちの消極的な姿勢の背後に、「日本につよくのこっている殺生を罪悪視する一般的な観念」（教委側の表現）とむすびついた、屠場の存在自体を忌避する意識をみとめることも可能である。そのような視点からすれば、おそらくおおくの人の目には、はっきりと教委の主張のほうが、いかにも正論であり、反差別の側にあるようにみえるだろう。

屠場を排除してきた学校教育

ところがある事実を知ることによって、そうした認識は根本から揺さぶられることになる。それは最初に指摘しておいたように、これまでのわが国の公教育では、屠場を教材化して子どもたちに教えようとする試みは、ほとんどなされていないという事実である。

子どもたちに屠場を教えられない、と主張する教師や親たちがかかえこんでいる奥深い不安や迷い。それは、かならずしも根拠のないものではない。なぜなら、彼ら自身、これまで学校で屠場について教えられたことはなかったわけだし、そのために参考にできるような教材ももちあわせていなかったのだから。

「話し合い」の席では幾度となく、住民や教師の側から、「屠場にかんする（子どもの）発達段階に応じた個別的な指導」がどのようにしたら可能なのかをはっきり示してほしいという要求がなされた。それにたいして教委は、「手引書」を用意しているとのべながらも、最後まで「手引書」の内容を公開することはなかった。

こうした経緯をふまえれば、屠場という存在を教育環境という点から十分肯定的にうけいれているかにみえる、さきのような教委の言説は、じつは、学校の教育課程で屠場が（一部の例外的な試みをのぞいて）まったくおしえられてこなかったという事実を覆いかくすだけでなく、そうした歴史から生じた根拠ある父母や教師の不安を、彼らに差別者の烙印をおしつけることによって、かんたんに切って捨ててしまう機能をはたしていたといわざるをえない。

つまり、こうした関係性にあって、より差別的なのは、むしろこれまで学校教育から屠場を完全に排除してきた、あるいはそうした事実を黙認してきた教委のほうだったといえるのであって、ここにも現代社会において屠場をめぐる構造的差別がもたらすさらなるアイロニーが存在している。

6―屠《ほふ》るということ

環境の言説と差別

環境問題と差別問題。この小論では、両者が、現代の社会において多様に交錯しているさまを、できるだけ具体的に描きだすことをめざしてきた。

そもそも、環境の〈良好さ〉〈美しさ〉〈快適さ〉を希求すること自体、見方をかえれば、環境要素のなかから〈醜なるもの〉〈不快なるもの〉〈穢《わい》なるもの〉を排除する行為と等価である。そうした点からすれば、環境の言説は、つねに差別問題と背中合わせの関係にあるといっても過言ではない。

とはいえ、環境の言説と差別との関係性は、それほど単純なものでもない。

子どもたちの目に見えるところからは動物を屠殺する施設をできるだけ遠ざけておきたいという、住民たちによる、ある面からすればきわめて利己的であり、かつ差別的ともいえる言説が、奇妙なことに、今日の教育制度によって構造的に維持・生産されている屠場差別の一端を、きわめて正確に撃ちえているという皮肉な事態を、私たちは、いったいどのように解すればよいだろう。

どちらが(だれが)「差別する者」であるかを詮索していったはてにある、個々人や集団の(差別的な)意識に差別現象の原因をもとめようとする従来の説明のしかたは、ここではほとんど意味をなさないだろう。なぜなら、私たちのうちのだれもが、今日の屠場をめぐる構造的な差別から、けっして自由ではありえないのだから。

たとえば、映像や写真、あるいはじっさいの見学で、牛や豚が屠殺・解体される光景を目にしたとき、私たちはどんな反応をするだろうか?

「気持ちわるい」とか「かわいそう」とつぶやいたり、目をそむけたり……。

今日、たとえ私たちがこのような態度をとったとしても、それがすぐさま屠場で働く人たちにたいする差別だと非難することはできない。むしろ私たちは、そうした態度をとらせた差別的な意識を云々する以前に、こうした一般的な反応をうみだしている背景にあるものにこそ着目しなくてはならない。それは一言でいえば、《屠《ほふ》るという厳粛な営みからの私たちの生活の徹底した乖離》ということになるだろう。

ニワトリを殺して食べる

それにまつわって、興味深い教育実践がある。鳥山敏子が小学校四年生を対象におこなった〈ニワトリを自分たちの手で殺して食べる〉という授業の試みである。この課外授業の詳細については、鳥山の著書『いのちに触れる――生と性と死の授業』にゆずるが、そのなかにはつぎのような児童の感想文がのせられていた。

「ナイフでにわとりをころすのが、いやになりました。にわとりの首をきったら、ないぞうがでて、血が『ドクドク』でて、みんなは、きもちわるいみたいで、みていました。友だちがにわとりの首のあたりをさした。ぼくは、見た。ぼくが一回やったら、すごくあばれ、足がすごい力だった。かわいそうだけど、にわとりをたべないとおなかがすくから、ころした。女子たちが、ないた。けど、ぼくたちは、にわとりをころした」(12)。

おそらく、いま、私たちに必要なのは、動物を屠るという厳粛な意味合いを、自分たちの生活実感のなかにとりもどすことだろう。そもそも、そうした体験なしに、私たちは子どもたちにたいして、屠場やそこで働く人びとについて、どれほどのことを伝えられるだろうか。

注

(1) 三宅都子『食肉・皮革・太鼓の授業――人権教育の内容と方法』解放出版社、一九九八年、四頁、五四―五五頁。
(2) 全横浜屠場労組「差別的価値観の転換をめざして―横浜屠場における差別との闘い」『部落解放』一九九九年三月号、一〇四―一〇五頁。
(3) 南昭二「明治期における神戸新川地区の屠畜業」領家譲編『日本近代化と部落問題』明石書店、一九九六年、二九〇―二九一頁。
(4) 南、前掲書、二五九頁。
(5) 鎌田慧『ドキュメント屠場』岩波書店、一九九八年、一七一頁。
(6) 文部省管理局教育施設部『学校施設設計指針』一九六七年、一一―二頁。
(7) 鎌田、前掲書を参照のこと。
(8) 以下この3節でとりあげるデータは、反差別国際連帯解放研究所しがによっておこなわれた部落生活文化史調査によっている。

(9) この点については、本書第1章2節を参照。

(10) 奈良県における屠場建設反対運動については、三浦耕吉郎「環境の定義と規範化の力―奈良県の食肉流通センター建設問題と環境表象の生成」『社会学評論』四五巻四号、一九九五年を参照。

(11) 県教育委員会と地元住民との「話し合い」は、一九八九―九一年の二年間で、計一二回、三〇時間にわたった。

(12) 鳥山敏子『いのちに触れる――生と性と死の授業』太郎次郎社、一九八五年、二二頁。

第3章　回避された言説
——阪神・淡路大震災をめぐる新聞報道の「空洞」

好井　裕明

本章では、ある言説空間での「空洞」のありようを例証する。それは、一九九五年一月に起こった阪神・淡路大震災の新聞報道をめぐる「空洞」だ。より限っていえば、震災報道からすっぽり抜け落ちている部落問題であり、震災というできごとと部落問題との関連を新聞報道が、どのようにして〈語ろうとしなかったのか〉という「問題」である。

1——震災と部落問題

震災報道の検証

震災報道をめぐる一般的な問題の考察は、すでにある。

たとえば小城英子は、実際に被災者、記者、編集者への詳細な面接による聞き取り調査を行い、マスコミ報道の功罪を明らかにしている(1)。被災したひとびとがマスコミ取材をどう評価していたのか。報道は、被災の事実と照らして正確であったのか。報道姿勢はどうか。記者の心情は。その場での人命救助か報道の使命か。それぞれの被災地について報道量のギャップは。特定の避難所や行政機関にのみ取材が集中し、報道による被害はなかったか。取材へリコプターの騒音は、などなど。分析内容というより、むしろ当時取材をしていた記者たちのなまの声や語りが、データとして満ちており、貴重だ。

また、三木康弘は、被災者の一人として、神戸新聞論説委員長として、当時自らが書いてきた文章をまとめ、反省し、今後の震災報道のありようを構想している(2)。ほかにも、震災報道のすぐれた分析として読める多くの考察がある。しかし、先にあげた「空洞」は、やはり「空洞」のままなのである。

最初、地震で神戸周辺が大きな被害にあったと聞いたとき、わたしは、以前参加した奈良県御所市小林での聞き取りの体験を思い出していた(3)。戦後、小林では知り合いや身内をたよって神戸に出ていったひともいたという。そこでサンダルの仕事をしていたと。戦闘機の廃品を利用し、アイディアで勝負して、さまざまなサンダルを作って売ったと。小林のお年寄りの語りには、神戸との交流、ひとの行き来がごく自然に埋め込まれていたのだ。

後節で詳細にみていくように神戸市長田区で大きな被害が出ている。靴産業、サンダル加工業界に大きな打撃があったことを新聞は伝え、「靴の町」長田の状況が連載企画として報道される。わたしは、当然のように、一連の報道に、部落問題への言及があるものと考えていた。さらには、地震で大きな被害が出たことと環境面での部落差別との関連性を述べる記事も書かれるのでは、とも思っていた。

ちなみに、部落解放運動の側で、被差別部落での震災被害や支援活動をまとめた書物のなかで、長田区にあるA地区は次のように語られている。

「この地域は二千五百世帯とも三千世帯ともいわれ、老朽化した木造住宅のまま放置されてきた。また部落解放同盟神戸支部連絡協議会のHさんによると、被差別部落の一部でありながら、『同和』

対策事業の住宅改良事業対象地域外として、なんら事業が実施されてこなかったという。被害の甚大さは、明らかに人災であり、今後神戸市行政の責任が問われるだろう」(4)。

なぜ空洞なのか

しかし、明確に部落問題に言及した新聞報道は、ほぼ皆無であった。もちろん地元紙などすべてあたれたわけではないし、TVなどほかのメディアでの報道を詳細にチェックできてはいない。ただ今回問題としたいのは、一般紙といわれる新聞において、そうした報道がほぼ皆無であったという事実である。

「西日本にはとりわけ数多くの被差別部落が存在するが、阪神間もその例外ではない。でありながら、地震報道においては、ほとんど〝無視〟された。なぜ、報道されなかったのか。何人かの知り合いの新聞記者に聞いてみた。

『うーん、部落問題ねえ。そもそも日ごろから報道してへんからなあ。それにいっぱいネタあったやろ。ぶっちゃけた話、わざわざ報道せえへんで』

紙面化をデスクに提案した、という部落問題に強い関心を持つ別の記者は、

『どの部分をどのように取り上げるか、結局、視点が定まらなかったんですよ』

と語った」(5)。

阪神・淡路大震災という未曾有の大災害、社会のあらゆる〈場所〉にいるひとびとを一気に巻き込ん

だ災害、明らかに多くの〈わけ〉を含みこんだ人災である大震災の報道でさえ、しっかりと部落問題をめぐる「空洞」は生きていた。わたしは、正直、この「空洞」の執拗さに驚き、あきれた。そして、この驚き、あきれ、わたしたちの日常生活、日常的な情報空間、実践知にはたらく、この「空洞」の意味をいまいちど、示しておきたい、という思いが、本章を書こうという、わたしのエネルギーになっている。

さて、今回はわたしがチェックできた資料の制限（広島の公立図書館に置かれていた九五年から九七年の『朝日新聞』、『毎日新聞』、『読売新聞』の各縮刷版）があり、後述する内容や例証は、一般紙の報道に限定しておきたい。

2―新聞がつくる「震災の構図」

震災特集記事

震災が起こった直後の一ヵ月、新聞は被災をめぐる記事で埋め尽くされる。たとえば震災翌日の九五年一月一八日の朝刊一面で、朝日新聞は「夜空を焦がす神戸市長田区の火災」との大型のカラー写真入りで、被害の甚大さを報じた（図1）。

九五年二月、震災後ひと月たったあたりから、『朝日』「震災の構図」、『毎日』「毎日希望新聞」、『読売』「検証　阪神大震災」と各紙が長期的な特集をそれぞれ組んでいる。たとえば「毎日希望新聞」というページは九五年二月から一〇月まで続くが、そこには、ひとびとの暮らし、復興という視点からさまざまな情報が掲載されている。こうした企画はできるかぎり生活する者の場所に立つという志向が明確である。

1　14版　朝日新聞　1995年(平成7年)1月18日　水曜日　39130号　(日刊)

死者1681人 不明1017人

8000戸が損壊、救出難航

兵庫南部地震　延焼、夜も続く

夜空を焦がす神戸市長田区の火災＝17日午後9時すぎ

山陽新幹線　復旧に2ヵ月以上

地震による被害

府県別	合計	兵庫	大阪	その他
死　者(人)	1681	1675	5	1
行方不明(人)	1017	1017	0	0
負傷者(人)	6334	4314	1926	94
家屋損壊(棟)	7930	7200	636	94

（18日午前0時45分現在、警察庁調べ）

兵庫南部地震関連ニュース

災害救助法を11市町に適用

図１　震災翌日の新聞報道（朝日新聞1995年１月18日朝刊１面より）

ほかに五、六回で完結する特集が単発の形で組まれていく。『毎日』「さまよう隣人たち　激震国際都市」（九五年二月）。これは在日外国人、在日韓国・朝鮮人被災者の窮状を法の壁、根深い差別という視点から特集した内容だ。また、長期特集であった「毎日希望新聞」が終了した後、「教室家族　神戸からのリポート」「瓦礫の中から」（神戸市長田区でのボランティアをめぐる現状報告）などが続く。『読売』では、社会生活の各領域に震災がどのような影響をおよぼしたのか、という視角から阪神大震災を「検証」していく。また個別特集では「大震災　人とくらし」で、九五年一〇月には「福祉作業所から」、一一月には「被災地の外国人」がそれぞれとりあげられている。
『毎日』の場合、「被災地で記者は」「記者の目」などのコラムが印象的であった。そこでは記者名が入り震災取材をめぐる固有の主張がなされている。たとえばコラム「被災地で記者は——焼けたのは庶民の町、庶民の家だった」（二月六日）の文章はとくにわたしの注意をひいた。

「（中略）長田は庶民の町だ。燃えたのは、密集して建てられたその庶民の家。細々と精いっぱい生きてきた人たちに、災害は重くのしかかった。（中略）元の姿に戻るまで、どれくらいかかるのだろうか。焼け跡を見渡すと、深い絶望感にとらわれた。そのとき、がれきの上に座ったおっちゃんに声をかけられた。『こんだけきれいになくなったら、しゃあないわ』。開き直ったような言葉に、長田らしさは死んでいないと、ホッとさせられた」。

このコラムは短い文章ながら「震災という未曾有の災害が〈均等に〉ひとびとにふりかかったのではないこと」「〈庶民〉の暮らしをより深刻なかたちで直撃したこと」「たんなる天災ではなく、そこには明らかに人為的な〈何か〉からくる被害の格差が生じていること」「にもかかわらず〈庶民〉は、したたかに生きなおそうとしていること」などが、明確に表現されている。

また、特徴的であったのは、九五年三月「阪神大震災と在日コリアン」、五月「阪神大震災と女性の失業」という「記者の目」だ。前者は長田区での在日韓国・朝鮮人団体による、日本人か在日かをこえた被災者への救援の取り組みが紹介される。後者では被災という現実がパートなど不安定な女性の雇用を直撃しており、女性への支援を主張している。在日韓国・朝鮮人。在日外国人。対照される日本人。女性。対照される男性、などなど。震災が、あるカテゴリーを与えられているひとびとにたいして、より深刻に被害をもたらしている事実が、端的に主張されている。

こうした特集記事やコラムを読みながら、わたしは二つのちからを感じた。それは〈均質化するちから〉と〈差異化するちから〉だ。これらはせめぎあい、被災したひとびとや現実をどのように〈読んでいけばいいのか〉をめぐり、ゆるやかにではあるが確実に「震災をめぐる一定の定義」を読む側に強制していく。これは後でよりくわしく述べることにする。

ところで、長期連載の特集には、個別特集の枠をこえて〈あるストーリー〉が見え隠れしている。わたしにとって、興味深かったのは、この〈ストーリーの構成〉であり、震災という「自然災害」と個人や地域との関連をめぐるある〈ちから〉の存在である。以下では、『朝日』「震災の構図」に焦点をあて、そうした〈ストーリー〉〈ちから〉を読み解きながら、そこに孕まれる問題を例証していきたい。

『朝日新聞』「震災の構図」　震災が起こった一ヵ月後から、『朝日新聞』は毎月「震災の構図」という特集の連載企画を一年にわたって組んでいる。まずその内容を簡単に紹介しておく。

九五年二月：「鎮魂歌」。国道二号線沿いの芦屋市津知町（死者五三人）、神戸市東灘区本山中町二丁目（死者四二人）に特定し、そこで亡くなった人全員がどのような状況で被災し亡くなったのかを克明に追っている。

三月：「靴の町」。神戸市長田区、須磨区の中小・零細経営が集中したケミカルシューズ産業の被災状況をまとめている。

四月：「淡路島」。阪神地区の被災状況が多く報道されるなかで、いま一つ甚大な被害を蒙った淡路島を中心としてその状況が語られている。

五月：「解体」。これは被災し倒壊し、あるいは傾いたビルの解体をめぐる特集である。

六月：「大量配転」。被災後の大企業のなかで起こっている大量のリストラ配転という事実に焦点をあてている。

七月：「避難所№3」。被災後大きな問題となり続けた避難所の生活を、六甲小を舞台とした避難所の実態にみようとしている。

八月：「過去帳」。お盆の季節でもあり、初盆を迎えた犠牲者の遺族の様子をまとめている。

九月：「駅徒歩五分」。被災したマンションをめぐるさまざまな問題が語られている。

一〇月：「履歴書」。被災者の就職が困難であることなど、就職の問題が中心となっている。

一一月：「保険悲劇」。被災者をめぐる各種保険の実態が報告されている。

一二月：「喪失体験」。被災で多くの人々がさまざまなものを失った。この喪失体験を有名人の事例からまとめている。

九六年一月：「遙かな近さ」。震災から一年がすぎたいま、被災自体は時間的には遙かなこととなりつつあるが、体験自体の記憶、感触はまだ「生々しい」ものだ。この「生々しい体験」を〈遙かな近さ〉で追っている。

年間特集「震災の構図」は、一年間で終了する。毎月の震災をめぐる記事の頻度がどのように変移していったのかなどは、ここでは明らかにしない。ただ、一周年、二周年の時期には、各地で行われる追悼のイベントなどを紹介するかたちで記事が一時増加するが、時間がすぎていくなかで、頻度は極端に減少していく。そのなかで、たとえば九六年一月の「震災報道――原点・その後の神戸新聞」（震災報道の問題性を神戸新聞という地元ローカル紙をもとに論じた特集。震災報道の問題を考えるうえで重要だが、やはり部落問題の欠落はとりあげられていない）、九六年七月に家庭欄で掲載された「震災離婚――あれから一年半」（震災を契機に揺れる夫婦のありようを特集）、九七年一月にこれも家庭欄で掲載された「被災地の保育所で――阪神大震災から二年」など、興味深い特集があることも事実である。

圧倒的な自然災害を前に、多くの人が死に、町が崩壊し、地域が壊滅する。建物が倒壊し、ひとの働く場所が倒壊し、生活する日常が奪われていく。被災というできごとは、就職問題、保険の悲劇、より精神的なものにいたる喪失体験など、ひとからさまざまなものを奪っていく。いわば、この特集は震災が一挙に、一瞬のうちに存在を崩壊させ消滅させた具体的な現実を語り、その崩壊や消滅の〈跡〉をたどり、ひとの被災体験にあるさまざまな喪失をたどっていくという〈ストーリー〉をもっている。

ただ、具体的な記事の語りには、この〈ストーリー〉を成立させている〈ちから〉が埋め込まれている。それは「個人が被災する」という次元における〈均質化するちから〉である。簡単にいえば「ひとや地域にどのような違いがあろうと、これだけの大きな震災だから、被災という事実の大きさを前にして、みんな同じように失い壊れていったのだ」という理解をゆるやかに強制する〈ちから〉である。

そして、こうした〈ちから〉に囚われ〈ストーリー〉を承認しつつ特集を読むことで、わたしたちは被災したひとびと、地域を〈均質化〉していくのである。

3―例証：「靴の町」

では『朝日』の年間連載企画「震災の構図」から、九五年三月に七回にわたって連載された「靴の町」の記事内容に関心を集中させてみよう。まず七回にわたる記事内容や構成をまとめることにする（記事では個人名が出ているが、わたしの論述には個人名は関連しないので記号化することにした）。

第一回：ケミカルシューズの町　見出し「迫る炎『もう行け』父は言った　零細業者を直撃」

ふだんなら朝六時からトースト付きコーヒーを飲み仕事にでかける「ケミカルシューズ業界で働くおばちゃんたち」でにぎわう喫茶店の倒壊。別の場所「ミシン場長屋」ではなんとか逃げ出した「在日韓国人」の○○さん一家、向かいに住む「在日韓国人二世」の△△さん夫婦の状況が語られる。「在日韓国人で靴メーカー社長」の××さんは会社に駆けつけると発生した火事で製品の靴や材料の接着剤がダメになっている。隣の靴底加工所では合成ゴム六トンが燃えている。ある路地では首から下を瓦礫に埋まった男性が「殺してくれ。包丁で死なせてくれ」と叫ぶ。助けようにも火が迫ってきて、逃げるしかない状況。崩れた民家に下半身をはさまれた人を助けようとする。しかし炎が迫る。その人は「もう行け、もう行け」と穏やかに言う。

震災で大きな被害を出した神戸市長田区、須磨区。記事はおもに長田区の地図で具体的な位置関係を示しつつ、震災が起こった一月一七日にそれぞれの場所で誰に対して何が起こったのかを順次語っていく。そして記事をしめくくる部分はこう語る。「神戸市長田、須磨区のケミカルシューズ関連業者は約

図2　連載記事「震災の構図―靴の町」第一回（朝日新聞一九九五年三月一五日）

1995年(平成7年)3月15日　水曜日　朝日新聞

靴の町　震災の構図　1

迫る炎「もう行け」父は言った

零細業者を直撃

「何出してええかわからへん」

神戸市長田区、須磨区の主な火災現場

千六百業者。大半を中小・零細業者が占める。従事している人は内職も含めると約二万人。在日韓国・朝鮮人の人たちも多い。大手のメーカーもあるが、さまざまな工程を受け持つ零細業者が散在、町全体がひとつの工場（こうば）のようだった。全国に出回るケミカルシューズの約七割が、この地区で生産されていた。震災は『靴の町』を直撃した。長田区の死者は約七百四十人。火災による被害もひどく、隣の須磨区と合わせると、焼失面積約六十一ヘクタール、焼失家屋は約五千百棟に上る。震災から二ヵ月。この町の人々を追う」。

第二回：在日の母

見出し「『在日』の母　苦難越え天国へ　独居で、くず糸切り続け」

「母が大切にしていた集印状」。旅行先の寺社で印を集め全部で一八ヵ所。「これで天国へ行ける」と母は言っていた。母・○○さんは韓国大邱の農家に生まれる。嫁あっせん業者に誘われて日本にきた母の物語。戦後神戸に移る。「神戸には戦前、日本に強制連行された朝鮮人労働者がマッチ工場やゴム靴工場にいた」。母はゴム靴工場の住み込み従業員の世話係をする。年老いた後も、一人住まいを続け、ケミカルシューズの「くず糸を切る『下手間』」をする。息子は高校卒業後、ケミカルシューズを手がける。高校時代、担任の教師から受けた被差別体験。「『在日』の人間にとって、選択は限られていた。『実力で生きていけるんは、ゴム（ケミカルシューズ）かパチンコか土建、それにスポーツか芸能界』」。息子は靴工場を持ち、韓国籍の妻をめとる。さらに、その娘が就職差別を受けたことが語られる。

震災で救い出されたが一〇日後に命を落とした在日の母。母が生きてきた苦難の物語。息子も露骨な差別を受けるが実力で財産を築く。その娘も差別を受ける。三代にわたり続く差別の現実。そのことを記事は被災した「靴の町」で見つけ出し、語っている。

第三回：底屋工場

見出し「『底屋』三〇年　歯だけが残った　作業始めた直後、猛火に」

プレス工〇〇さんの一〇本の指先はつるつるだった。靴底の材料になるゴム板をプレス機で焼く作業を三〇年近く繰り返したために、指紋がほとんど消えていた。彼が働いていた焼き底屋は全焼し焼け跡から〇〇さんの歯だけが見つかった。焼き底屋の激しい労働の様子が語られ、ケミカルシューズ業界で「底屋」と呼ばれる業種が紹介される。「焼き底屋」「本底加工屋」「成型底屋」。震災前、百業者ほどが長田界隈に集中していたという。その一つ、韓国籍の△△さんが興した中底を裁断する工場の物語。震災で工場が倒壊するが、息子たちが資金を調達し、震災の一ヵ月後から操業を始めた。底屋のかき入れ時がいつなのかが挿入される。須磨区にある本底加工屋をめぐる苦労の物語。「在日韓国人の祖父」××さんは、戦前、長田に渡り長靴屋で身をおこす。「二世の父」◇◇さんは、約四〇年間、底屋を営む。東京の靴問屋で修業し、会社を新しく作ったばかりの「三世」の◎◎さんに震災は追いうちをかける。「靴には、親子三代の苦労が詰まっている。一から出直しや」。

第四回：ミシン場

見出し「ミシン場に戻れ奄美の島唄　『新天地』求めた人たち」

「ケミカルシューズの甲皮に、ミシンで各パーツを縫い合わせる」作業。「ミシン場」もまた「靴の町」にとって重要な場所だ。「ミシン場」を経営していた〇〇さん。彼は「奄美群島の徳之島」出身だ。「明治のころから、多くの奄美群島出身者が神戸で暮らすようになった」。「新天地を求め、沖縄航路の終点、神戸を目指した」。彼らは製鉄やゴム業界で働いた。ケミカルシューズ業界が興ると「ミシン工」や「貼り工」に集まったという。「神戸奄美会のまとめによると、阪神大震災による奄美群島出身者の死者は兵庫県内で百三十人を超えている」。「ケミカルシューズ業界を支えてきた在日韓国・朝鮮人、そして奄美群島の人たち。十数年前からはベトナムの人たちが加わるようになった」。ベトナム人の△△さんは、被災後、長田区の避難テントの中でかかとの部分をのりづけする「パチ貼り」の内職を始めた。

ここでは、ケミカルシューズ製造工程の「ミシン」縫いや「貼り」工をとりあげ、それにおもに従事してきた「奄美群島の人たち」「ベトナムの人たち」を「在日韓国・朝鮮人」と同じ位置において語っている。

第五回：貼り工

見出し「化粧箱に熟練工のやっとこ　妹の形見、今姉が使う」「靴の仕事は嫌や」

三月に高校を卒業した○○さんの娘は「靴の町」を離れ大阪で就職する。娘は小学生のころから、母の仕事姿を見て育った。「なんぼ働いても、作業場には靴底の束があふれとう。きりないいんでしんどいわ」。「○○さんは自宅近くの靴底加工会社に勤めていた。仕事は、婦人靴の底のヒールをつける部分に、はけでノリをつける単純作業だった。午前十時から午後四時まで立ちっ放しで働いて、時給七百円」。震災で次男を亡くし、夫の会社も○○さんの会社も全焼。夫は避難所から警備会社に通う。「娘は出て行くけど、私らはここに住み続ける」。

△△さんの妻××さんが圧死した家の瓦礫の中から「化粧箱に大切にしまわれた一本のやっとこ」が見つかった。××さんは「靴の甲皮と靴底を貼りあわせる、腕利きの『貼り工』」だった。貼り工の仕事が「靴の製造工程で最も熟練した技術を必要とすること」が語られる。「一足当たり九十円前後の工賃がもらえ、ベテランなら一日百五十足はこなす。返品率ゼロが××さんの自慢だった」。彼女は学校卒業後、貼り工の職場十数ヵ所を渡り歩く。腰をすえた靴メーカーで流れ作業の職場に移り、靴底にノリを塗るだけの工程を担当した。同僚らを指導したが「やっとこ」は不要となった。彼女の母も貼り工だったが、姉も貼り工をしている。姉は××さんが残した形見の「やっとこ」を使っている。「『いつかまた貼り工に戻って、自分の納得する靴を一足ずつ作りたい』。生前、××さんはそう話していたという」。

靴のノリつけ、貼り工という仕事をめぐり、二つの家族が語られている。どちらもかたちは異なるが「靴の町」に残り生きていく姿が強調されている。

第六回：立ち飲み屋　見出し「立ち飲み屋に常連が戻った　一杯だけ飲み万年床へ」

長田区の崩れた酒屋そばのガレージで立ち飲み屋が復活した。「プレス工」の○○さんは立ち飲み屋の常連だ。震災前はキープした焼酎でほろ酔い気分になれた。しかしいまは失業状態。二百円の日本酒一杯を一時間かけて飲み終わると万年床が敷かれた六畳一間の部屋に帰る。長田区には酒屋が多い。多くの酒屋が販売だけでなく、店の一角でビールや日本酒を飲ませる立ち飲み屋を兼ねている。

金属の靴型が入った重いかごを運んだりする「常傭《じょうよう》」と呼ばれた雑役仕事をしていた△△さんは、震災で靴工場が壊れたいまも立ち飲み屋にやってくる。

「在日韓国人で、靴メーカーの守衛だった」××さんは、木造二階建ての家の下敷きになり死んだ。彼は約三〇年にわたって現場で働き、七〇歳を過ぎたころ、引退を勧められる。長田を離れて住んでいた息子たちからも同居を勧められる。だが彼は長田を出ようとはせず、守衛として残ることになった。「夜、銭湯に通うのが楽しみだった。ふろから上がると近所の子供たちによくラムネをおごった。『靴の町』の子たちの成長をずっと見守ってきた」。息子は長田を出ようとしなかった父親の気持ちはよくわからないという。ただ、こうつけ加える。「周りはみんな、同じように額に汗して働いてきた人たちばかり。『在日』だからという目では見られていなかったと思います。だからおやじはここから離れられなかったのと違いますか」。長田は、そんな町だった。

立ち飲み屋という「靴の町」特有の場所が復活する。そこに通ってくる人の姿を語っている。後半は「靴の町」で生きつづけようとした「在日」の男性が語られている。

第七回（最終回）：不安と再出発

見出し「灰の中から手探りの再出発　資金繰り、思うに任せず」

ケミカルシューズ業界のメーカーや問屋の名前が書かれたリストがひそかに業界の間に出回っている。どこが不渡り手形を出したかがわかるリストだ。震災後、国や自治体では中小企業に対し、緊急融資制度を設けた。しかし、返済能力や事業実績などが問われ、思うように借りられない現実が語られていく。○○さんも自宅と靴工場が全焼し、朝銀兵庫信用組合に融資を申し込んだ。「見通しなんか何もないけど、ほかにできる仕事もあらへん」。

△△さんは「ミシン場」が焼けた。「震災の一週間後、長男と焼け落ちたミシン場にやってきた。ミシン仕事に使う『押さえ』などの小道具を掘り出すためだった」。「何個か落ちていた。手でつまむと、たばこの灰のようにさらさらとくずれ落ちた」。

最終回は、「靴の町」がなんとか再出発しようとする姿を企業融資の問題と絡めて語り出す。ただ、いまの段階では先行きなど見えず、とにかく始めるだけ。そのためになんとか融資を得る姿。特集は、そうした不安を説明せず、事実を重ねるかたちで、いわば唐突に終わっている。

靴の町＝在日の町という図式

さて特集の意図、ストーリー構成をいま一度確認しておきたい。テレビ映像でも集中して映され、大規模な火災などで被害が甚大であった長田区を紹介したい。震災から二ヵ月がたち、長田区で亡くなった人、命が助かった人など、いまの時点でのさまざまな人間模様を語りたい。こうした意図が明確である。

そして、語りの手がかり、ストーリーの筋となるのが靴、ケミカルシューズであった。第一回めの記事で「『ミシン場長屋』と呼ばれる路地があった。靴縫製の小さな作業所が二十数軒前後、古いアパートなどの一室にひしめいている」「同業者の作業場が密集した一角はすでに燃えていた」などと書かれるように、長田区には靴製造関連の中小、零細業者が密集している。小さな作業所、町工場が密集し、さらにそこに働く人々も多くは狭い住宅や古い木造アパートに集住している。「従事している人は内職も含めると約二万人。在日韓国・朝鮮人の人たちも多い」と記事は語り、「靴の町」で生きる人々の象徴として「在日韓国・朝鮮人」が登場する。

その後、記事は「くず糸を切る『下手間』」「底屋」「焼き底屋」「本底加工屋」「成型底屋」「ミシン工」「パチ貼り」「貼り工」「プレス工」「常傭」とケミカルシューズの製造工程を紹介しつつ、それぞれの仕事に携わっていた人の被災体験、生きてきた歴史や人間模様を語っていく。そして人物紹介のきまった語りくちとして「在日韓国人の」「在日韓国人二世の」「在日韓国人で靴メーカー社長の」「韓国籍の」「在日韓国人で、靴メーカーの守衛だった」だれそれさんというかたちが頻繁に登場する。その派生として「奄美出身者」「ベトナム人」が登場しているのである。

こうした一連の記事を読むとき、わたしたちの理解のなかには長田区、「靴の町」をめぐり次のような図式ができあがる。長田区＝「靴の町」。ケミカルシューズ＝中小、零細経営・町工場。従事する人＝「在日韓国・朝鮮人」。「靴の町」＝「在日の町」という図式だ。

この図式は、七回にわたる特集記事のなかで明確な〈一貫性〉を示すものであり、読む側は〈一貫性〉をそのまま了承すれば、「震災の構図」を象徴的に示すストーリーとして記事内容を納得しつつ読み終えてしまうだろう。

回避された問いかけ

しかしこのストーリーには、より正確にかつくわしく「震災の構図」を知るうえで、とても重要な問いかけが、はじめから省略されていることがわかる。「なぜ、この長田区に『在日韓国・朝鮮人』が多く住んでいるのか」「なぜそこに中小企業・零細企業が集中しているのか」「なぜ靴製造の作業場などが狭い環境に密集しているのか」「なぜ、建物も古く密集した地域に震災の被害が集中したのか」といった問いだ。

いわば長田区になぜ、どのようにして「靴の町」ができていったのか、その歴史であり生活環境の背景という問いかけだ。おそらくそうした問いかけをしないかぎり、ケミカルシューズ製造業者が集中しているから「靴の町」だ、という主張は、あまりにも安易な連想ではないだろうか。だが特集では、平然としかし巧妙にそうした問いかけが回避されているのである(6)。

長田区で生まれ育ったある女性は震災体験の手記でこう語っている。

「私の生まれ育った長田区内の被差別部落であるA地区やJR沿線沿いに新長田中心に東西に拡がるケミカルシューズ工場街は、社会的に周縁部に置かれた存在だった。

鉄工関係の小零細な下請け町工場、老朽住宅の密集したB地区も含めていいだろうが、一帯は行政の目が届かず、低所得の貧困層が大多数を占めるみすぼらしいと言っていい地域だ。目こぼしされているがゆえに、古くは朝鮮人が、新しくはベトナム人が入り込みやすい町で、ますますその傾向は強まった。

同和対策事業によってAには近代的な高層の改良住宅の建設が進み、古くからのゴム工場は神戸ファッションの一角を占めるケミカルシューズ産業として名目上の地位を上げたかもしれない。だがそれはただの誤魔化しに過ぎない。誤魔化しでなければ、裕福になった人々が、行政が力点を置いて充実させた郊外へ流出し、貧乏な日本人と朝鮮人とベトナム人がAや新長田やBに残ってケミカルシューズ産業を支えるという状況にはならなかっただろう」(7)。

こうした語りにみられるように、長田区は単なる「靴の町」でもなければ「在日の町」でもない。その地域の形成には部落問題が根底にあり、今回の甚大なる被害の背景には、神戸市の都市政策、環境整備をめぐる諸矛盾、諸問題が蓄積されているのである。たとえば、先にあげた問いかけを仮に深く掘り下げることはなくとも、記事を書くうえでの関心の一つとして排除しないかぎり、なかば当然のごとくに取材記者は部落問題と出会っていたはずだ。しかし記事には、その〝痕跡〟さえ見当たらない。長田区にはケミカルシューズ産業が存在し、中小・零細経営が多く、在日韓国・朝鮮人が携わっている。この言説が〈問われることのない前提〉として置かれ「靴の町」が語り出されているのである。

均質化するちから・差異化するちから

なぜこうした前提が意味をもつのだろうか。そこには冒頭の引用にみられるように部落問題に対する新聞報道の姿勢の問題、もっといえばそこに充満している部落問題、解放運動団体に対する偏見という問題があるだろう。ただ仮に偏見があるとしても、取材を重ねるなかで、たとえば「靴の町」を支え生きてきたさまざまなひとびとの生きざまが見え、そのなかで部落の人と出会い、部落問題と具体的に出会うとすれば、偏見は崩れていく可能性をもつ。では、なぜ前提が頑として存在してしまうのか。

やはり先に述べた〈均質化するちから〉がはたらいているためではないだろうか。歴史的、地域的にわたしたちは、さまざまな違いを生み出しつつ暮らしている。ふだんの暮らしのありようも、一人ひとりが生きてきた歴史によって異なってくる。今回の震災は確かに大規模な地域を一瞬にして崩壊させた。しかし被災、被害の実情は、すべて個別の場所、時間、地域でひとびとが生きてきた歴史、暮らしの違いとの関連で大きく異なっている。その違いそれ自体を見つめていくことで前提は崩れ、報道する言説自体も〈均質化するちから〉と対抗できるはずだ。

しかし「靴の町」の言説は残念ながら、そうではない。被災者、被災地域などのカテゴリーでひとびとや場所、地域を〈均質化〉していく一方で、部落問題への偏った理解やあいまいな態度などで補強され、長田区がもつ違いそれ自体へのまなざしは閉じられていく。他方、別次元から「在日という『問題』から地域を読め」という〈ちから〉が割ってはいり、報道する言説は、この要請にしたがって〈差異化〉されていったのである。いわば、〈均質化する言説〉をむりやり「在日という問題」が〈差異化〉していったのであり、もし「靴の町」をめぐる言説構築が、町で被災し、生きるひとびととの違いそれ自体から立ち上がってきたならば、その違いを語り、まとめる営みから〈差異化する言説〉がより自然にできあがっていたといえよう。

部落問題を語らない問題性

ところで「靴の町」の特集記事内容がもつ問題性、端的にいえば、部落問題が語られていないことの問題性を確認しておきたい。

「靴の町」は、少なくとも二重の意味で問題である。ひとつは、この特集を長田区についてよく知っている、ふだんからなじんでいるひとびとが読む場合である。たとえば、近隣や周辺に住むひとびとが読む場合、この記事は明らかに長田区を語るときの大きな部分が隠されていることになる。隠され語られていないことに、そうしたひとびとは「なんで隠されてんのやろうか」「やっぱり部落のことは出てこんのだな」「部落のことは語ったらあかんのやな」など、たとえば部落問題に対する否定的な解釈を確認したり、新たに否定的解釈をくだす可能性が高いという問題だ。

いま一つは、長田区の実態をまったく知らないであろう、多くの遠く離れたところに暮らしている読者の場合だ。彼らにとって、特集は明確に長田区＝「在日の町」という理解を強制する。一方で、長田区に存在する部落問題という現実、それも今回甚大な被害が出たという事実、さらには「靴の町」の被災状況と部落問題が関連しているという事実が、はじめから「なかったこと」になってしまう点だ。

いずれにしても、震災報道から部落問題が隠蔽されることで、ひとびとの部落問題への偏見や無理解が強化されてしまうという重大な問題に直結することになる。

4―情報空間に埋め込まれた差別あるいは「歪み」の解読

現実を歪ませる報道

「日ごろから報道してへんから」、「いっぱいネタあった」から、「視点が定まらなかった」から。震災報道から部落問題が抜け落ちてしまった〝わけ〟を記者たちはこう語っている。ただこれらは明らかに深い反省から語られたものではなく、その場で思いついた弁解のようにわたしには聞こえてくる。

なぜ、「日ごろ」報道しないのか。なぜ「いっぱいのネタ」のなかに埋もれてしまうのか。なぜ、「視点」が定まらないのか。問うべき理由は、まさにそこから始まっていく。

本章では震災報道がもつ被災をめぐる〈均質化するちから〉と「問題としての在日」という〈差異化するちから〉が、長田区における部落問題報道を回避あるいは隠蔽していったと説明した。仮にそうであったとしてもなぜ部落問題が語られなかったのか、という納得のいく説明にはなりきっていないと思う。なぜだろうか。最後に、さらにいろいろな事例をもとに検討し解読すべき課題として、その理由を述べておきたい。

それは端的に言って、情報環境における差別あるいは「歪み」という主題だ。確かに新聞記事や報道言説はステレオタイプ化された言葉や言い回し、説明があふれている。それも過剰にあふれている。できるだけ少ない言葉、表現である現実を伝えるという意味で、そうした類型的言説は有効であるかもしれない。

ただ問題は、類型化された言説、「問題」をめぐる評価の言葉などに「歪み」がある場合だ。その「歪み」はそこにある現実を報道するという過程で現実を「歪ませる」。多くの場合、情報を受ける側は「歪み」がどのようなものか確認するすべをもっておらず、仮に「おかしいな」と感じたとしても、結局のところ、提供された報道をそのまま受け入れていくことになる。

恣意的な序列と選別の差別性

今回の震災報道における部落問題の「空洞」は、報道言説、言説を構築していく報道空間がもつ「差別」性を率直に呈示している。それは単に偏見が満ちているという次元だけではない。そうではなく、さまざまな差別現象のあいだに恣意的な「序列」をつけ、差別「問題」のランキング表をもとに、たとえば「こちらの『問題』をとりあげるほうが、報道姿勢としてはより社会批判的意味がある」などと勝手に判断して、目の前にある事実を〈選別〉していたのかもしれない。「いっぱいネタあったから」「視点が定まらなかった」から、という弁解はまさに〈選別〉するという行為の表明として聞くことができよう。もちろん、限られた紙面のなかで特集記事を構成していくにはさまざまな制約があるだろう。しかし差別「問題」をめぐる恣意的な「序列」や〈選別〉は、やはり必要な制約とは一線を画するものだ。

ここまで論じてきて、たとえば「そうはいっても、部落問題はよりデリケートなところがあり、報道することで差別が拡大するのではないか」「当事者たちのなかには、報道してほしくないと思っているひともいるはずだ」などの反論が聞こえてくる。確かにそうした側面は否定できない。しかし、こうした反論は明らかに報道に「空洞」ができることを〈ひとびとの差別意識、感情〉〈当事者の意識、感情〉に帰責するものであり、報道空間がいかに「空洞」をつくりあげているのか、の説明にはならない。なぜなら同様の反論が、これでもかと繰り返し報道してきた在日問題の次元にあてはまるからだ。

『神戸新聞』の震災報道記録

ところで、神戸新聞社編『大震災　問わずにいられない——神戸新聞報道記録一九九五—九九』(8)(二〇〇〇年二月)という書物がある。地元紙である神戸新聞がこれまでの震災報道をまとめなおしたものだ。ケミカル業界の再起、酒造復興、神戸港、震災で問われる文化財の保存、在日外国人と震災、仮設工場などの単発企画のなかに「三年目の報告　震災と被差別部落」があった。

この特集は都市部に点在する同和地区の多くが、震度七の区域にのってしまうことから端的に始まっている。宝塚市内の同和地区、西宮市内の地区の情況が語られ、芦屋市内の同和地区での救援の様子、地区外の人との交流が語られる。長田区内の同和地区で被災し仮設住宅に移ったひとびとの様子、同じ長田区内で住環境が改良されていない地域での大きな被害の状況が語られている。同地区で被災した高齢者の姿を示し、家族が近くに住める住環境づくりが、このまちの課題であることが主張される。震災を契機に運動体の違いをこえた「まちづくり」の可能性がでてきたこと、これがいまなお厳しい部落差別にたちむかうひとつの可能性を秘めていることを述べて、特集はしめくくられている。

　この特集記事では同和地区名、語りが示される人の具体的な名前、実名は一切ない。地区名や人名などあげずとも、震災被害が被差別部落により厳しいかたちで集中したこと、部落差別と震災との関係を明確に述べることができる、端的な例証といえる。おそらく新聞社側で、どのような報道内容、記述を示すかについて議論があったのかもしれない。部落問題をめぐる「空洞」をよりポジティヴな意志のもとで埋めようとする例外的な報道として、評価できるものだ。

情報環境における差別の主題へ

情報環境における差別という現象は、わたしたちの日常生活にとってきわめて重大な問題をなげかける。記事内容など報道機関がたれながす偏見や差別的知識はもちろん問題だ。しかし同様に、あるいはそれ以上に問題なのは情報環境のなかでさまざまなかたちで示される〈差別を「問題」として理解する仕方〉であり、〈諸差別「問題」間につけられている恣意的な「序列」〉である。

　そして、最後に確認しておきたいことがある。〈差別を「問題」として理解する仕方〉〈「問題」間の恣意的な序列〉は、なにも報道する側がすべてをつくりあげているのでないという点だ。確かに、今回は報道記事のありようから「空洞」を例証した。「空洞」を放置している情報空間のありようを、つくる側の言葉を借りながら、そこに潜んでいる問題性を批判した。しかし、こうした「空洞」を、わたしたちはふだんから、あたりまえのように新聞を読み、報道される内容をとくに問題のないものとして、あるいは、そこに「空洞」があることすら気づかないで、受け入れているのである。この「空洞」を〝問題である〟とさえも感じない、わたしたちの感性、日常的な推論、さらにいえば、常識的知のなかに息づいている部落差別、部落問題となるべく出会わないようにしむけていく〈処方知〉が、「空洞」に差別的な意味を吹き込んでいる〈おおきなちから〉の行使といえるのである。

差別と環境問題を考えるとき、情報空間に巧妙に埋め込まれた「歪み」を解読することから、わたしたちの日常的な差別のありようを詳細に検討するという主題も浮上してくるのである。

注

（1）小城英子『阪神大震災とマスコミ報道の功罪――記者たちの見た大震災』明石書店、一九九七年、を参照のこと。
（2）三木康弘『震災報道いまはじまる』藤原書店、一九九六年、を参照のこと。
（3）福岡安則・好井裕明・桜井厚ほか編『被差別の文化・反差別の生きざま』明石書店、一九八七年、を参照のこと。
（4）城間哲雄「部落を襲った大地震」兵庫部落解放研究所編『記録　阪神・淡路大震災と被差別部落』解放出版社、一九九六年、一八頁。なお引用中の人名は、わたしの判断で略記した。
（5）角岡伸彦「報じられなかった阪神大震災と被差別部落」同書、六二頁。
（6）ある研究者は、ほぼわたしと同じ関心から長田区を中心にして「震災にみる社会的差別の諸側面」を論じている（安保則夫編『震災・神戸の社会学――被災地へのまなざし』八千代出版、二〇〇〇年、第一章）。安保は「被災の光景のなかには、長田がこれまでどのような街として形成されてきたかを示す歴史的痕跡が刻印されていることを見逃してはならない」（同書、五頁）と述べ、明治期から現在にいたる神戸市の都市化・市街化政策のなかで長田が置かれた位置、スラムの形成、長田にある被差別部落にかぶさるように「細民地帯」が形成され、長田区における在日朝鮮人の集住地区形成が図られていった事実を端的に論じている。

そのうえで、安保は、長田区においては、部落問題と在日朝鮮人問題が密接に絡み合っている事実を確認し「現在、長田区において同和地区とされるB地区が受けた被災状況やケミカルシューズ産業を中心とした在日朝鮮人が受けた被害状況をみると、こうしたスラム形成の歴史的系譜を引きずりながら今日にまでいたった負の集積がここで一挙に表面化したことが明らかである」（同書、八頁）と主張しているのである。

（7）郭早苗『宙を舞う』ビレッジプレス、一九九九年、二五―二六頁。地区名はわたしの判断で仮にA、Bとした。

（8）神戸新聞社編『大震災　問わずにいられない――神戸新聞報道記録一九九五―九九』神戸新聞総合出版センター、二〇〇〇年二月。

第4章　障害者からみた都市の環境

麦倉　哲

私は「福祉ウォッチングの会」に加わり、多くの車いす使用者や視覚障害者とともに、ノーマライゼーションの実現をめざしている。「福祉ウォッチングの会」は、障害者市民と健常者市民とが協力し合って、街の現実を調査し、改善策を提案していく市民団体である。一九九二年に発足して以来、歩道や公共交通等におけるバリアの実態を調査し、その一方で障害者が犠牲となった事故の原因を究明してきた。私たちは、調査研究の成果を発表することを通して、バリアや事故のないまちづくりの提言をしてきたのである。

1──都市環境と社会的不利

都市生活の快適さと移動の自由

都市には特有の、生活上の快適さ＝アメニティがある。その特徴は、多くのモノが集積する物質的豊かさや、交通・電気・上下水道・ガスなど社会生活基盤が整備されていること、雇用・余暇活動などの社会参加の機会が充実していることなどであろう。

都市は、意図的、計画的につくられた人工の空間である。過去のある時代においては、軍事的な秩序や階級的な秩序を維持するという側面を強くもっていたが、主として近代以降、都市は一定の効率性を確保しつつも、そこに生活する社会成員の生活の質の向上に寄与するという目的で整備されるようになってきた。都市は一方で社会秩序を維持するために効率性を追求しつつも、他方でそこに生活する人々の利便性を向上させている。都市には、選択の自由がある。私たちはそこで、学んだり、職に就いたり、自由に活動したりする。そうした諸目的を遂行するために、人と接触することや、情報を交換することが不可欠となっている。コンピュータ等による情報ネットワークの活用もさることながら、物理的に移動することが不可欠である。

しかしながら、都市生活において、こうした恩恵を受けるという点で、明らかに格差が生じている。都市には、さまざまな異質な人々が暮らしているが、そのうち一部の人たちは不利益な扱いを受けている。そして、その実態や問題性が十分に解明されてこなかったために、具体的な対策への取り組みが遅れ、この不利益な扱いはある程度固定的なものとなっている。

障害者にとっての社会的不利

平等性や社会参加の点で、こうした不利な扱いを受けてきた典型を、障害者にみることができる。一九八一年に国連が提唱した国際障害者年において、「完全参加と平等」というスローガンが打ち出された。それ以降、ノーマライゼーション（〝健常者と同じような〟通常の生活）を実現するための中身として、社会参加を基盤的に支える「移動の権利」「バリアフリー」（障壁の除去）といった面に、よりいっそう焦点が当てられるようになった。

移動の権利は、交通アクセス権や、モビリティ確保といった用語と同義で、八〇年代後半からとりわけ精力的に取り組まれてきた課題である。物理的に移動することが困難なため社会参加できなくなる、という障害者の不利益をなくそう、というパースペクティヴからの研究や運動が勢いづいた。

「生活の質」とは何かと問うた時に、私は、個々人が自分の意志に基づいて、社会参加し生きがいを追求できているかという観点が重要ではないかと考える。社会生活に参加する場面はいくつもある。具体的に、自宅から、学校、職場、地域社会、自由な交友のための空間とを行き来するうえでも、移動することが不可欠である。しかしながら、都市部において、こうした必須の行動ですらままならない。

社会参加のどの分野にエネルギーを注ぎ込むのかについて、模範や理想はない。その活用の組み合わせは、個々人の選択の自由であり、自己決定によるものである。それゆえに、ここで問題とするのは社会参加の中身ではない、むしろそれ以前の根本的次元の問題である。すなわち、選択の自由を行使できるほどに、環境が整備されているかという点である（図1）。

図1　生活空間の構成図

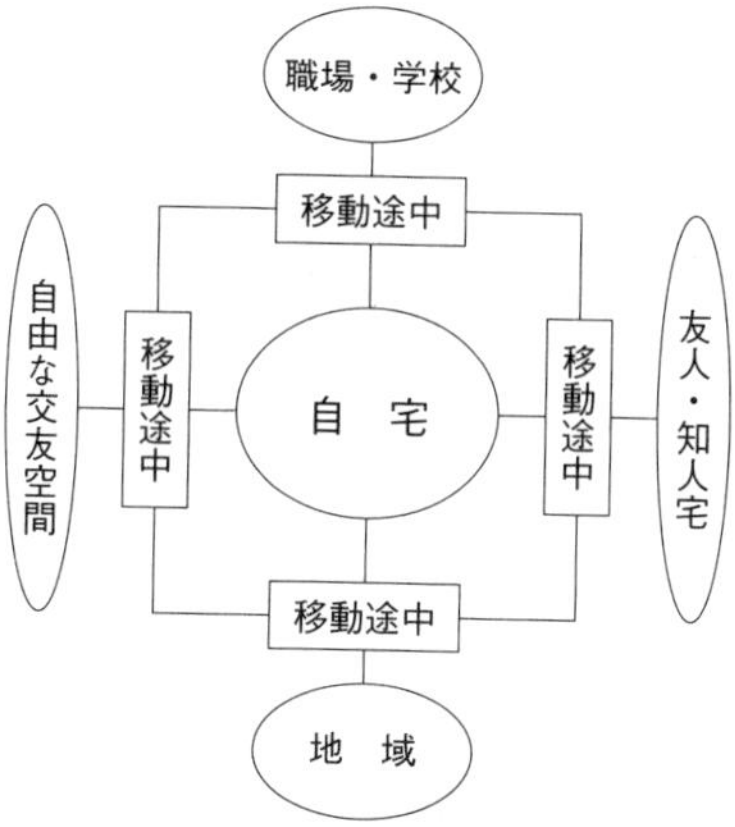

障害の三つの定義

国連では、国際障害者年にあわせて障害に関する三つの次元の定義を打ち出した。インペアメント（impairment）とディスアビリティ（disability）とハンディキャップ（social handicap）である。インペアメントとは、身体上の損傷であり、ディスアビリティとはその結果生じる能力低下であり、ハンディキャップはそうした人が受ける社会的に不利な扱いである。インペアメントがあってもリハビリテーション次第でディスアビリティは軽減できる可能性があり、ディスアビリティが社会生活を送るうえでの不利をどの程度もたらすかは、社会の対応いかんにかかっている。要するに、身体上の機能不全（ディスアビリティ）があるから、学校に通えないのではない。たとえば、両足がないという個性をもった人が支障なく移動できるという手だてを社会が用意していないという社会的不利（ハンディキャップ）があるから、その人は学校に通えないということである。障害者はハンディキャップを負っているからたいへんであるとか、この人はハンディを克服したという表現をよく聞くことがある。しかしこうした表現は、国連の定義に反するのであり、表層的なのである。

障害者にハンディを負わせる社会

さらにいえば日本では、いまだ行政資料で、障害者福祉を推進するというくだりで「ハンディをもっている方のために」という表現をしばしば見かけることがある。これこそ国連の障害をめぐる定義が行政にすら理解されていないことの証左である。ハンディを与えているのは行政をはじめとする社会の側であり、その結果として障害者はハンディを負わされているというのが、障害の定義である。あるいはまた一部の障害者しか克服できないような環境をつくっている社会の側の問題なのである。

ところで、こうした不利益を受けるのは障害者（やその家族）だけではない。広く考えれば、健常者＝非障害者にとっても他人事ではないのだ。障害者が外出するうえで制約があるとすれば、その人が社会参加する機会が限られるだけではない。その人と接触する機会が限定されるという意味で、ほかのすべての人にとって不利益な状態でもある。さまざまな個性をもった人と出会う可能性があるという前提で社会が成立しているにもかかわらず、すべての人は、いわば特定のタイプの人としか出会えないという不利益を受けているのである。

ここで注目すべき視点とは、そこに社会的弱者のために施しとしての福祉を社会的に提供しようという一面的で平板なものではなく、障害者への保障という側面と健常者にとっての意味や意義という側面の双方について、取り組んでいこうという視点である。このような問題関心をもとに、以下では、都市における具体的な問題点を解明しよう。とりわけ、障害者にとっての移動の利便性や、移動に伴う危険性や、その結果として生じる事故の痛ましさと理不尽さに注目したい。

障害者にとっての危険性

都市における移動や交通アクセス上の対策要素は、障害者の移動を保障するという観点から打ち出されてきたものであり、次の四つが挙げられる。①利便性（操作可能性）、②安全性、③快適性、そして④連続性である。裏を返せば、①使用（操作）困難性、②危険性、③不快性、④断片性が、移動を阻害するバリアということである。

①まず利便性は、そもそも道具が使えないとか、操作が困難であるとか、対象へのアプローチそのものが難しいという問題である。たとえば、駅構内でホームに移動するのに階段しかなくて電車に乗れないというのも、また切符購入の際に、選択ボタンが高い位置にあるために操作できないというのも、車いす使用者等にとって利便性がないということである。また駅の券売機がタッチパネル式のために、視覚障害者が切符を購入できないことも同様である。こうした苦情を受けて、最近では音声ガイドシステムが併用されるようになった。

②安全性については、道具や設備の使用や利用は可能だが、使用や利用にあたって危険性が伴うという問題である。極端な場合、生命が危機に瀕することもある。交通事故を引き起こしやすい道路環境や、

踏切やプラットホームで、とりわけ障害者が事故に巻き込まれる危険度の高い状態は、これにあたる。じっさい、視覚障害者にとって、ホームドアやホーム柵のないホームを〝安全に〟通行することは、いわば綱渡りのような芸当が求められているに等しい。この利便性と安全性は、移動を可能にするための最低限の基本的な条件である。こうした基本条件の上に、快適性や連続性が成り立つ。

③快適性とは、最低限度の機能性にプラスアルファして心地よさが伴うかどうかという点、たとえば、エレベーターが駅構内の便利な場所に設置されているかという点、また④連続性とは、移動保障の対応が断片的でなく、機能性において面的な広がりをもっているかどうか、たとえば、すべての鉄道駅の券売機に、点字表示がなされているかなど、という点である。

こうした対策が欠けていると、障害者にとっては生活領域が狭められ、生活圏を拡大し社会参加を推し進めようにも、物理的バリアが立ちはだかるのである。

通常の社会生活をしていた障害者が事故に遭い生命を落としたり、閉ざされた社会の扉をもう一歩押し開こうとした人が事故に遭い重傷を負ったりする。これらは、決してまれなことではない。危険を避けるために、外出を控えるといったやむをえない適応がとられるのもこうした現実の反映である。一九九一年六月、視覚障害者の安全対策を研究していた田中一郎さん（全盲）がホーム転落事故により、こころざし半ばで命を落としたのも、こうした社会の現実を物語っている。

障害者を排除した都市計画

他方、大学で福祉のまちづくりの講義をしていると、次のような反応に出会う。障害者のまちづくりの必要性は理解できるが、少数の障害者のために莫大な予算を投じるのは無理があるのではないか。それほどに、財政的余裕はないというものだ。しかし、これはむしろ逆だ。

表1　移動におけるハードの対応とソフトの対応

ソフトとハード	バリア対応
ソフトの対応	介護，ガイドヘルプシステム，専門従業者の協力，一般通行者の協力
ハードの対応	（介護やヘルプなしに）単独で移動できる環境の整備

障害者の利便性を除外した都市建設や環境整備を積み重ねてきたからこそ、バリアフリーへの事後的な対応が必要となったのである。問題は、まちづくりを進める際、知恵や想像力をどのように働かせるのか、ということである。当初から障害者を視野にいれたユニバーサルな計画をたてていれば、莫大な出費など不要であった。

たとえば、東京都営地下鉄新宿線と営団地下鉄半蔵門線は一九七八年以降順次開通という比較的新しい路線であるにもかかわらず、エレベーターを標準装備していない。都営地下鉄では熟慮の結果、エスカレーターを整備することで決着した。車いすストッパー付きではない通常のエスカレーターである。この結果、車いす使用者にとっての利便性は達成されず、実際、無理をしてエスカレーターで車いす使用者を運んだ結果、駅員が大けがをするといった事故が生じている。私自身、電動車いす使用者の外出介護に同行した時に、事故に遭いそうになった。エスカレーターで介助中の駅員の事故は、北九州市営のモノレールでも起きている。これらはみな、エレベーター装備を節約した結果として起きた事故である。

しばしば、表1のようなソフトの対応の重要性が説かれる。ソフトが重要なのはいうまでもない。しかしそれは、ハード面の不備を顧みないことになりかねない。ハードの対応を最低限度の保障と位置づけ、障害者が単独で自由に移動できるようにすべきである。日本において依然として車いす使用者の外出が少ないのは、こうした保障が不十分だからである。他方で、視覚障害者の事故が目立つのは、安全性の質が低いからである。

2―道路の事故と危険性

危険空間・安全空間・情報障害

最低限の利便性と安全性を確保するためには、障害者が事故に遭う「危険空間の放置」がないこと、「安全通行空間が確保」されていること、障害者にとっての「情報障害（情報バリア）がない」こと、の三条件をクリアすることが必要である。

障害者にとっての情報障害とは、この場合、移動するための情報不足や情報コミュニケーションの不備が移動の障壁となっていることである。人は環境とのコミュニケーションをもとにして行動する。移動する場合も、たとえば、右方向へ五〇センチのところに階段があるとか、券売機の右下の位置に呼び出しボタンがあるなどの情報が欠如していたり不正確であったりすれば、混乱や危険におちいる。道路や歩道通行については、表2のような問題が考えられる。

道路交通における事故と安全対策の不備

歩行者は自動車と接触したり衝突することで、しばしば重大な被害に遭う。自動車と人間が交わる機会が多ければ事故は増える。たとえば、人口の割に千葉県で交通事故が多いのは、歩車の分離（柵や段差・縁石などで歩道と車道が明確に分離していること）が進んでいないからである。国道四一〇号線は、通称ダンプ街道として有名である。歩車非分離の歩道で、歩行者は自動車とすれ違うたびにそれを避けるように道路の縁取り部に身を寄せなければならない。私自身このダンプ街道を歩いた時に、歩行可能な島的隙間から次の隙間までを、まるで鬼ごっこのように飛びうつらなければならない恐怖を味わった。ここを通行する児童にとって、この〝生命の鬼ごっこ〟は日常茶

表2　車道・歩道通行上の諸問題

分　類	問　　題
危険空間の放置	転倒，車道側へのすり寄せ，側溝等への転落，障害物との衝突，自転車等との衝突
車両との動線(通行路)の分離	自動車との接触・衝突，側溝への転落
情報障害の除去	歩道境界のあいまい，信号の不明，横断方向の不明

表3　道路における事故の箇所と事故のパターン

事故の箇所	事故のパターン
歩車非分離による事故	自動車等との接触・衝突，側溝・川・がけへの転落
歩道における事故	歩道での転倒，歩道から車道への転倒，自転車との接触・衝突，車乗り入れ部における自動車との接触・衝突，支道交差部における自動車との接触・衝突
歩車分離の車道における事故	歩道の通行が事実上困難で車道を通行したために自動車等と接触・衝突，歩道から車道に誘導されてしまった結果自動車等と接触・衝突，車道と歩道との区分がわからずに車道を歩行して自動車等と接触・衝突
交差点，横断歩道における事故	横断中に自動車等の不注意で接触・衝突，信号時間内で車道を渡りきれずに自動車等と接触・衝突，横断する箇所や方向や信号の状態がわからずに横断中に自動車等と接触・衝突

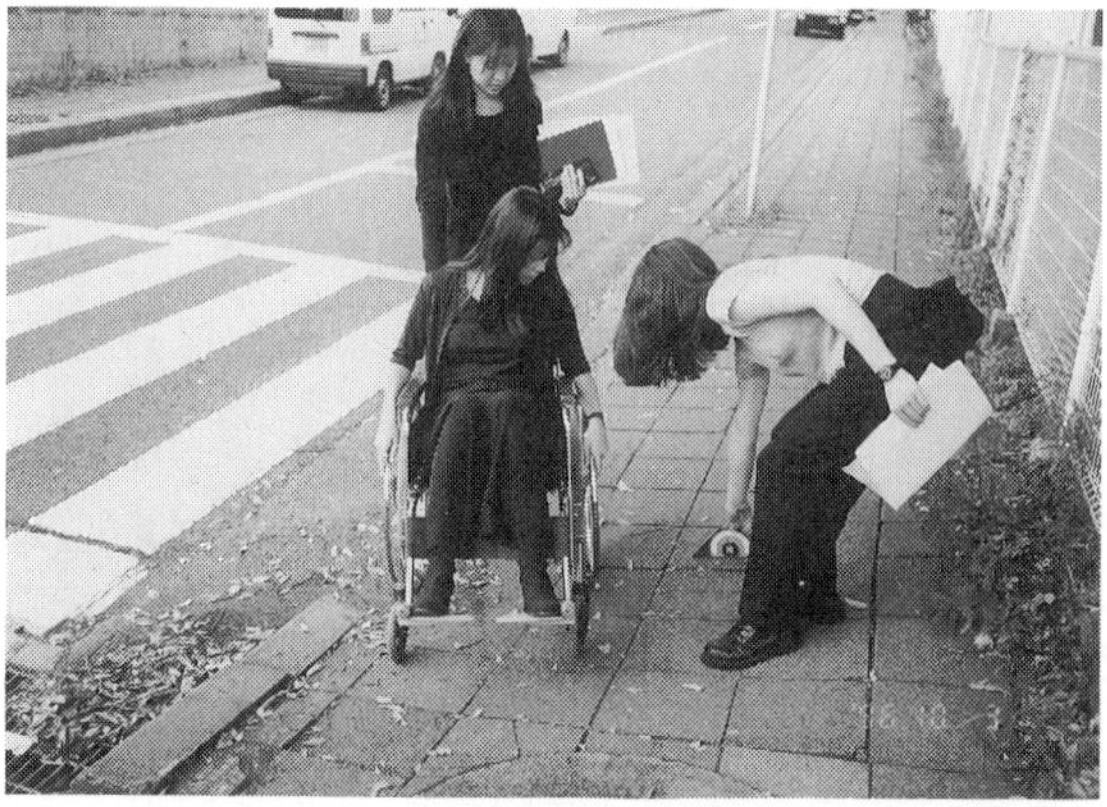

写真1　歩道の傾斜バリアを測定する（東京都、一九九六年一〇月撮影）福祉のまちづくり講義で学生と横断勾配を調査しているところ。

飯事なのである。一方、歩車分離の車道における事故は、車いす使用者の場合、歩道の物理的制約が事故の要因となっている。後述の福島県いわき市における事故は、この典型である（表3、写真1）。

他方で、視覚障害者の事故は、情報障害が原因となる場合が多い。情報提供に不備があるために、歩行者は意図に反して、車道に立ち入ってしまう場合である。視覚障害者が事故に遭ったとき、なぜ車道を歩いていたのか、信号が赤なのになぜ横断したのか、横断歩道以外の場所をなぜ渡ったのかなどと、事故遭遇者の認知状態を無視した疑問が提示されることが少なくない。しかしながら現実には、歩道を移動する際容易に車道に立ち入ってしまったり、道路の脇に柵なしの側溝があったりと、まさに移動する歩道の両側に危険が待ち受けている。これは当事者の判断ミスというよりも、視覚障害者を安全に誘導するための情報不足、つまり情報障害（バリア）に原因があるのである。

道路通行における対策としては、歩車の分離が明確であること、つまり歩車境界に柵などの明確な仕切りがあること、交差点箇所や横断歩道箇所がわかりやすいこと、横断の方向がわかりやすいこと、信号の状態がわかりやすいこと、その他歩行中の安全性が確保されることなどである。

こうしたことは、健常者に対しては十分に提供されているが、視覚障害者にとっては不足し、事故への遭遇機会を増大させている。ソフトの対応も重要である。このほかにも、自動車と歩行者とが極力交差したり同居したりしない交通システムの構築や、音声誘導システムやサテライト誘導システムの開発、導入が求められている。

交差点や横断歩道における事故では、自動車等の明確な過失のほか、障害者や高齢者が渡りきれないためなどの事故もある。高齢で歩行に制約がある者の歩行速度は時速二キロを下回る場合も多い。しか

図2　いわき市の事故現場の歩道

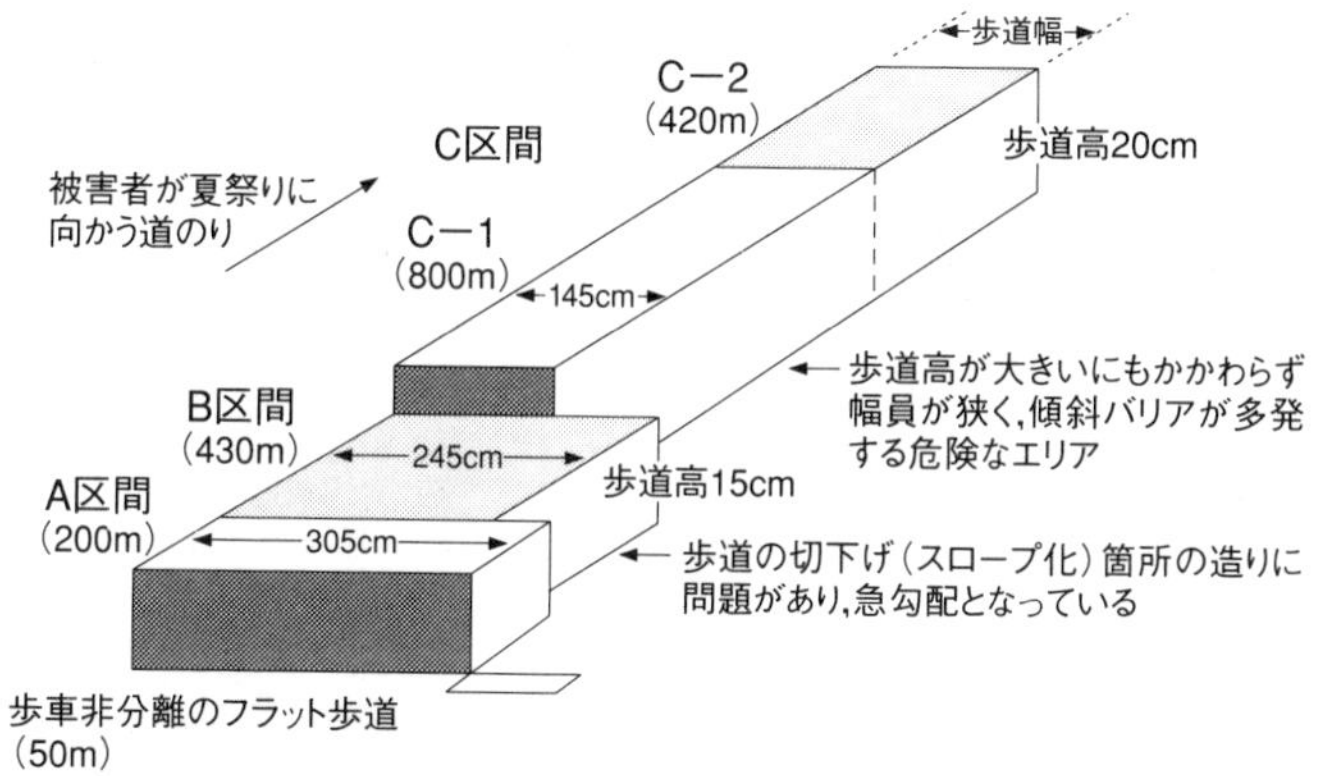

し多くの信号は、時速三・六キロ以上を想定して青の時間を設定している(1)。お年寄りが信号を守らないための事故が多いと喧伝されるが、信号の時間設定自体が問題であるという現実が見逃されすぎている。また、視覚障害者では、横断できるかどうかの判断や横断の方向についての情報不足が、交差点や横断歩道の事故につながっている。

いわき市の事故の考察

車道を通行中の車いす使用者が自動車に追突されるという死亡事故が、一九九六年に福島県いわき市で発生した(2)。歩道のある箇所で、なぜ車道を通行していたか。現場の歩道は、有効幅員が狭いというバリアに加えて、縦断の勾配(勾配バリア)、横断の勾配(傾斜バリア)ともきつかった。そのために、歩道が設置されているにもかかわらず、車いす使用者にとって、歩道は事実上通行困難な空間であった(図2)。かくして、車いす使用者夫婦は、車道を横並びに走行した。妻のほうは夫に比べて障害が軽かったため手動式車いす使用であり、障害の重い夫は電動車いす使用であった。

手動車いすの妻は夫の電動車いすにつかまり、それに引っ張られるように夫の斜め後ろを走行していた。この妻に電動車いすが支給されなかったのも日本の福祉の貧しい現実を表している。車いすは後ろからの衝撃を和らげるなにものも装備しておらず、自動車との衝突は致命的である。事故後、いすは飴のように捻じ曲がっていた。日本では、電動車いすの速度は時速六キロと制限されている。自動車の運転手は、時速五、六キロの車両が車道を走行しているとは思いもよらず、衝突したのである。かくして、車いす使用者夫婦は事故死した。盆踊りに出かけるため、唯一利用できるルートを走行しただけの夫婦に、過失を求められようか。彼らは、社会参加のために移動していただけなのである。

この事故後、建設省（当時）国道地方局幹部は、国土が狭いことと道路予算を原因に挙げた。しかし、車いす使用者が歩道を通行できるようにするのは予算の問題ではなく、ニーズ把握や道路整備技術の問題である。また、歩道の幅員を確保しないのは、公共交通政策がいかに歩行者の比重を軽くみているかの証左であろう(3)。

一九九八年埼玉県で、電動車いす使用者が道路脇の側溝に落ちて死ぬという事故が起きた。死因は溺死である。側溝は事故当時、深さ一〇センチ程度の水が流れていたという。車いすごとまっさかさまに転落した障害者は、顔を水面につけたまま身動きがとれなくなった。こうした事故も障害者をとりまく環境と深く関係しており、危険空間の除去、安全空間の確保、情報提供、が鍵を握っている。

3―鉄道の事故と危険性

踏切事故

道路に劣らず、鉄道における移動環境も危険に満ちている。その度合は、道路以上といっても過言ではない。なぜなら、自動車はドライバーの判断により、事故が避けられる可能性があるからだ。軌道上を走る電車の場合、運転手の判断でハンドルを切ることはできず、またブレーキの効果も低い。三〇〇メートル先に障害物を発見しても、時速一〇〇キロで走っていれば衝突は避けられないのである。踏切の悲惨な事故は、こうした現実を物語っている。踏切内の人や車両も危険だが、踏切という仕組みそのものが危険なのである。運輸省（当時、現在は国土交通省）は、一九八七年以降、踏切の新設を原則禁止としたが、既設の踏切では危険な状態が続き、改善はなかなか進まない（表4）。

表4　電車の速度と停止距離

列車の速度（km）	急ブレーキ後停止までの距離（m）
60	144
80	256
100	400

(注)速度の2乗÷25で計算。あくまで目安。ブレーキ性能はもう少し上がっていると考えられる。

一九九四年、神奈川県の京浜急行子安駅で、歩行に制約のあるKさんが急行電車に跳ね飛ばされて亡くなった(4)。踏切の遮断機内に取り残された人を、〝虜《とりこ》〟と呼ぶ。障害者の作業所に通うKさんは、いつも踏切を渡りきれずに虜となり遮断機をくぐりぬけていた。Kさんにとってはこの遮断機をくぐらなければ駅の入口までたどり着けない。

調べてみると、事故の起きた踏切は鉄道四車線で、事故の列車が通過する前に遮断機が開いていた時間は、たったの三八秒だった。この踏切を渡りきるためには、スタートよく飛び出しても時速四・八キロで歩行しなければならない。これは大人の歩行平均時速を上回っている。歩行に制約があるKさんにはとても無理な速度だった。Kさんはこうした身の危険にもかかわらず、決死の社会参加を続けていたのである。

私は一九八九年まで存在したベルリンの壁を思い出した。東独側から国境を抜けようとする者は、壁を乗り越え軍事境界線を渡りきらなければ銃殺されるかもしれない。渡りきらなければ命を落とすという構図は、Kさんと踏切の関係とまったく同じではないかと思ったのである。Kさんは社会参加という自由を求めていた。

踏切が危険なのは、歩行制約者にとってだけではない。車いす使用者にとっては、線路の間に車輪がはまることが、絶命のピンチとなる(5)。また、視覚障害者にとって、とくに斜め横断の踏切が危険である。なぜかといえば、線路をまたぐ時に線路と直角方向に歩行するように惑わされるからだ。その結果、反対側にたどり着けず、踏切内に虜になってしまい、死亡するという事故が起きているのである(6)。無人の斜め踏切は作るべきではない。これらの困難はまさに社会がつくった〝環境の虜〟といってもよいだろう。

駅ホームの事故

鉄道関係で、踏切と並んで死亡事故が多いのは、駅のプラットホームである。転落、巻き込み、接触、飛び込みなどの事故がある。踏切と違って、駅ホームの改善は遅々として進まない。それどころか、通過列車便数の増加などで、都市部において危険性がむしろ増大している。事故を防止するための対策の分野を、「危険空間の放置」、「安全空間の確保」、「情報障害」という三点から整理することができる。危険空間の放置、ホーム上における安全空間の未整備、情報提供の不備、事故回避対策の不備などが対策上の問題点として挙げられる。

危険空間の放置対策では、線路に転落したり列車と接触することを避けるためのホームドアや、ホーム柵の設置、ならびに乗降時の隙間・段差対策がとくに重要であることが指摘できる。他方、安全空間の確保では、ホームの幅員、段差、傾斜、勾配など、歩道で実現されるべき安全空間の諸要素の確実な実施が要求される。さらに、情報障害対策では、環境との情報交換という点で、情報不足といういちば

表5　駅ホームの対策箇所の分類と問題ー対策の内容

対策箇所の分類	問題ー対策の内容
危険空間の放置：柵対策の不備	ホームドア設置など縁端柵問題を軽視している，両端柵の隙間の基準を設けていない，視覚障害者ブロックと柵との対策の連携について触れられていない，国土交通省ガイドラインのわずかな基準すら守られていない（注1）
危険空間の放置：ホームと車両との関係	車両段差の基準が示されていない，車両との隙間の基準が示されていない，ドアの幅員の規定がない，車両連結部の転落防止対策がない（注2）
安全空間の確保：安全通行幅員対策の不備	狭幅員対策の基準がないあるいはゆるい，障害物対策の基準がない，床面の基準が滑らないことのみ，傾斜・勾配の基準があっても守られていない
情報障害：情報提供の不備，社会的不利としての情報障害	ブロックの種類の是非に触れられていない，床との触知コントラストの規定がない，ブロック基盤の突出という考えがない，縁端からの設置位置が80センチ以上とあるのみ，階段誘導の設置方法が不明確，両端部でのブロックの設置方法が不明確

（注1）交通バリアフリー法では，転落防止対策として①視覚障害者ブロックの設置，②ホームドア，③ホーム柵を例示している。しかしながら，柵の設置を義務化していない。
（注2）交通バリアフリー法では，プラットホームと車両との段差と隙間についてなるべく小さくとしている。しかしながら，普通鉄道構造規則では5センチ以上とあり，矛盾がある。

ん不利な状態にある視覚障害者に対して、ホーム上においては視覚障害者用ブロックを適正に敷設することや、音声誘導など新しい誘導施策の応用が要請されているといえよう（表5）。

柵問題　ホーム柵の問題ということでは、一九九四年一二月に起きた三重県の近鉄中川原駅での死亡事故が注目される（7）（写真2）。この事故は、電車から降りて改札に向かう途中の全盲の女性Aさん（五一歳＝当時）が、自分の乗ってきた電車に巻き込まれて亡くなったものである。この事故の発生要因を、福祉のまちづくりの観点から考えると、①転落危険空間が放置されていたということ、②歩行安全空間が確保されていなかったということ、③視覚障害者用ブロックの敷設が不十分であったということ、④ソフトの対応が不十分であったことなど、ほとんどす

写真2　近鉄中川原駅の事故現場（三重県、一九九六年五月撮影）
湯の山方面からみた駅ホーム。Aさんはスロープ箇所で電車に接触し、巻き込まれた。

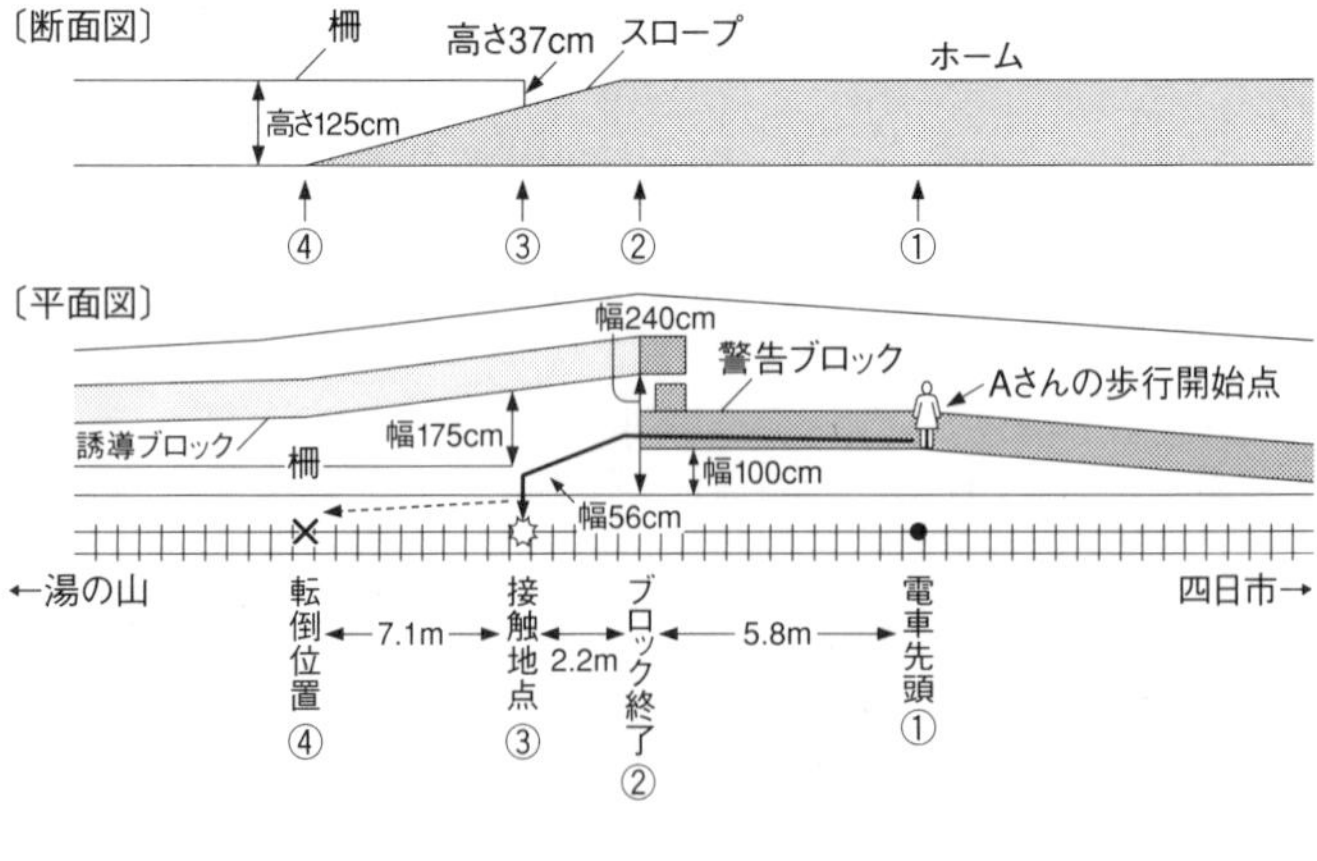

図3　Aさんの歩行経路（同上）

べての問題が挙げられる。

このなかで最も大きな要因は、転落危険空間の問題である。ホームが終わり改札へ向かう通路へのスロープ箇所でバランスを崩し、電車に巻き込まれたからである。この駅にホームドア・システムがないのはもちろんのこと、それ以外に、電車が停車しない箇所に縁端柵はなく、さらには線路と平行するスロープ箇所に防護柵も手すりもなかった。図3に示したように、線路と平行にホーム上を歩行してきたAさんは、スロープ箇所でバランスを崩して電車に巻き込まれた。

柵以外の問題としては、スロープ箇所において通路が線路側に傾斜していたことも大きな問題である。スロープが自然と線路側に流されるような造りになっていたからである。皮肉なことに階段であれば、視覚障害者が事故に遭うことはまずないだろうが、かつての階段をスロープ化し、そのスロープの造りに問題があった。また、視覚障害者用警告ブロックがホームの終わり部分で誘導ブロックとつながっていなかったことも挙げられる。

さらにつけ加えれば、視覚障害者への配慮から、運転手がAさんをホーム縁端の警告ブロックまで案内したものの、それ以上の対応をとらなかったということも挙げられる。視覚障害者が改札にたどり着くためには、転落の危険性が高い空間を歩行しなければならなかったからである(8)。

幅員および視覚障害者用ブロックによる事故

ホーム上の安全歩行空間の問題としては、岡山の車いす使用者の転落事故例が挙げられる(9)。一九九四年五月にJR岡山駅で、車いす使用の女性（五四歳＝当時）が車いすごと線路に転落し、そのショックから亡くなった。この駅には、事故現場付近で最大六度の傾斜があった。転落した箇所はホームの幅自体が狭くなっていたが、電車に乗るためには必然的に、

写真3　JR東海道線篠原駅の事故現場（滋賀県、一九九六年五月撮影）
ホームの警告ブロックが途中で途切れているため、わからなくなったOさんは線路に転落した。

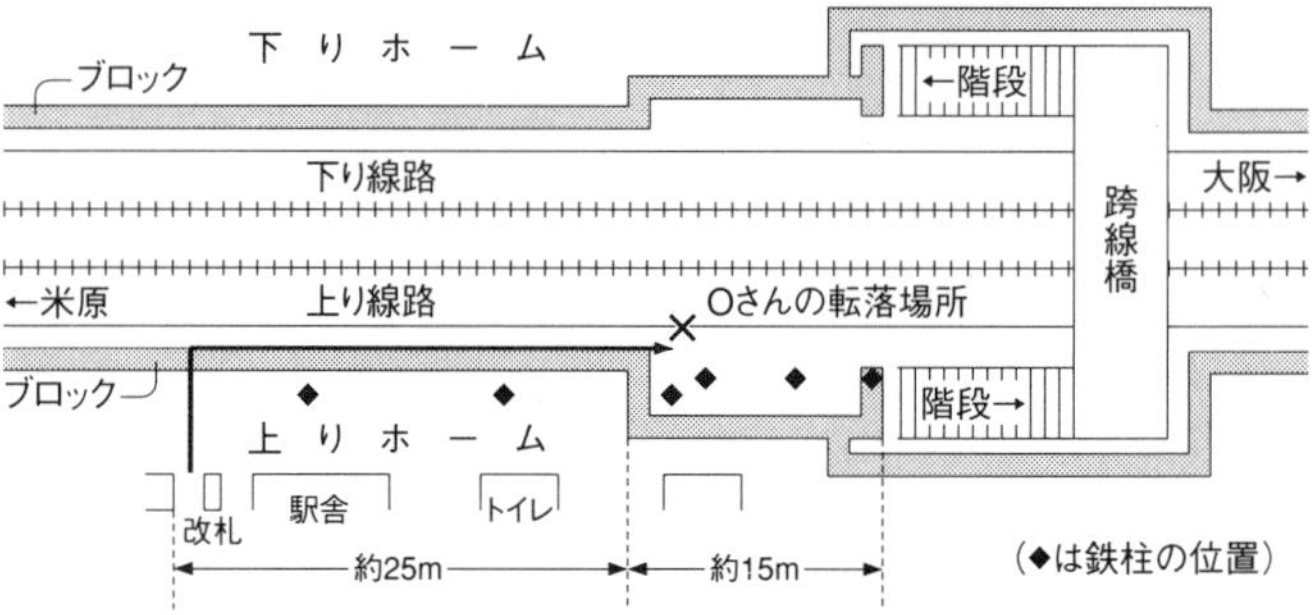

図4　Oさんの歩行経路（同上）

そこを通行せざるをえなかった。

そこで被害者は一時停止したのだが、ホーム上の傾斜の影響で車いすが自然と流され、線路側に転落したのである。

他方、一九九六年、滋賀県のJR東海道線篠原駅で視覚障害者のOさん（中年男性）の死亡事故が起きた[10]（写真3）。Oさんは、視覚障害者用ブロックをたどってホームの縁ぎりぎりを歩行していたが、途中からブロックが途切れたために、方向を見失って線路に転落し、そこに入線してきた新快速電車に轢断された。この事故では、駅ホームでの誘導ブロックが不適格であることが明らかとなった（図4）。もともと誘導用として敷設されたものではない警告ブロックに沿ってホームの縁を歩行しなければならないこと自体、危険なのである。ブロックの敷設方法に不備があるとともに、ブロックだけで事故を防止することそのものにも警告を投げかける事故であった。

4―障害者からみた都市環境整備の方向性

ホームドア・システムの標準化

鉄道でいえば、ホームにおける安全対策は第一級に促進されるべき対策である。線路側への転落を防止する最大の決め手は、ホーム柵やホームドア・システムである[11]。しかしながら、こうした方向での対策は遅れ、一部の地下鉄やモノレール・新交通システム等で実現するにとどまっている。ホーム柵やホームドアを設置することにより、障害者はもとより健常者にとっての安全性が高まることも重要なポイントである。乗客は電車に乗り降りするというごく限られた動作の時に限って、危険なホーム縁端に近づけばいいのであり、それ以外では、縁端部に近寄る必要はない。ホームから車両へ移動する事故の類型からみれば、ホーム柵やホームドアを設置することにより、線路への転落事故や、車両との接触事故も防げるし、飛び込みなどの大半も防げるはずである（図5）。

これまで見てきたように、鉄道事故の現状では、生命にかかわる事故が起こっても、事故原因が十分に究明されていない。自過失によるものとしばしば簡単に片づけられてしまい、事故原因を徹底的に究明することで、駅の構造を改

図5　事故防止システムの不備

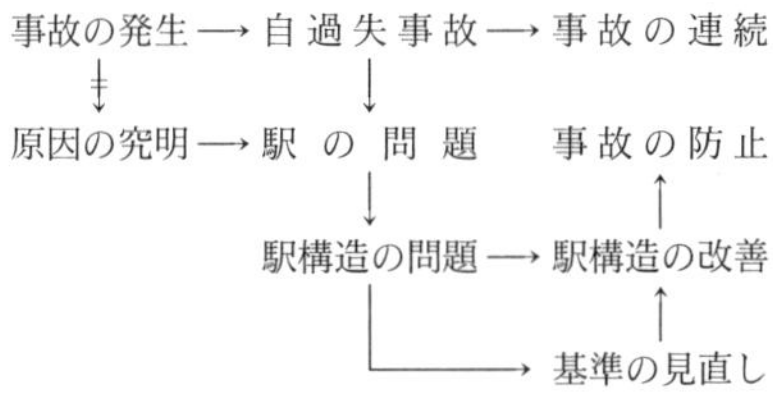

善したり駅の整備基準を見直したりするようなシステムは確立していない。

航空機の墜落など大規模な事故の時には、国土交通省も事故調査委員会を編成し対策に乗り出す。しかしながら、同じ国土交通行政のなかで、駅ホームの事故はいとも簡単に葬り去られている。それゆえに、当事者や一般市民が事故原因を究明する委員会を提唱し、情報開示の点で警察や国土交通省、運輸事業者に協力を求めて、事故の原因と対策を突き詰めていく必要があろう。鉄道当局は委員会の報告を受けて、事故責任を認め今後の防止策を利用者に対して明確にしていくべきである。この社会が平等であるという前提に安易に埋もれることなく、現状における差別を認識し、よりよい平等・対等な社会づくりを提案する仕組みを、この分野においても構築していく必要があろう。

歩行者中心の安全空間の再配置

歩道や自由な活動空間では、これまでの歩行弱者を含むすべての歩行者からみた安全空間の再編成が求められている。遅まきながら日本でも、二〇〇〇年に交通バリアフリー法（高齢者・身体障害者等の公共交通機関を利用した移動の円滑化の促進に関する法律）が施行され、一定の水準を満たした利用者の多い駅については、バリアフリー化が求められるようになった。また、駅周辺の空間についても連続性確保のための改善計画を策定することを地方自治体に求めている。ただしこの法においても、安全性の質的向上は、今後の課題にとどまっている。

歩行者天国が減ってきている日本とは対照的に、欧米では、歩行者が主役の空間を拡大させようとしている。車道を廃止して歩行者空間にしたり、大型のショッピングモールを作ってバリアフリー化したりしている。こうした流れは当然日本にもやってくるだろう。

そのさい、日本独自の当事者参加のシステムを構築し、多様な人々の参加により、よりグローバルで、ユニバーサルで、とりわけマイノリティが軽視されることのない、安全で、利便で、快適で、連続性のある空間を創出していくことが望まれる。

注

(1) 横断歩道における想定歩行速度は、時速三・六キロメートルを基準としている。これは一九八六年発表の調査結果で、歩行者の九〇%がこの速度で歩行できるということが発表されたからである。社団法人交通工学研究会編『交通信号の手引』丸善、一九九四年参照。
(2) 福祉ウォッチングの会『車いすから見た国道、市道』一九九六年。
(3) 事故から四年後、歩道面の改善事業が実施され、車いす使用者にとってのバリアはある程度除かれた。
(4) 麦倉哲「障害者はなぜこんなに事故で死ぬのか」『マスコミ評論』一九九五年一一月号。
(5) 私も東京都内の都電沿線界隈で車いす歩行調査中に、学生が試乗した車いすが踏切の線路に挟まれた。学生が健常者で立ち上がり、車いすを引き抜くことができたので大事に至らなかったが、冷や汗をかいた。
(6) 一九九九年、神戸市の阪神電鉄西宮東口駅付近の踏切で、全盲者の事故。
(7) 福祉ウォッチングの会(麦倉哲ほか)『視覚障害者のホーム転落事故調査』一九九六年。
(8) 事故が起きた近鉄中川原駅では事故後、一九九七年九月に転落防止の柵が設置された。
(9) 新宿福祉ウォッチングの会『JR岡山駅における車いす使用者転落死亡事故の原因について』一九九四年。私たちの調査レポート発表後、運輸省(当時)は鉄道事業者に対して、ホーム再点検の通達を出した。
(10) 『視覚障害者のホーム転落事故調査』前掲書(注7)。福祉ウォッチングの会(麦倉哲ほか)『視覚障害者から見たホームの安全対策』一九九七年。

(11) ホーム柵には、可動柵と固定柵とがある。このうち固定柵は、ホームに断片的に柵を設置するものだが、柵なしの空間が一部に残るという危険性をもっている。それゆえ安全面でいえば固定柵に比べて可動柵の方がずっと安全レベルは高い。

付記　本章の内容に関連して国土交通省ホームページ内のバリアフリーの項を参照されたい (http://www.mlit.go.jp/barrierfree/barrierfree_.html)。

バリアフリー（94頁）

一九七〇年代からのさまざまな障害者解放運動、自立生活運動、また、国際障害者年（一九八一年）から「障害者の一〇年」という八〇年代の動きのなかで、この言葉をよく見かけるようになった。「バリア」（障壁）から「フリー」（自由）になること、解放されることが、この言葉の意味するところだ。

ではどのような「障壁」から自由になるのか。『障害者白書』（一九九五年度版）では、①物理的障壁、②制度的障壁、③文化・情報での障壁、④意識上の障壁の四つをすべてとりのぞくことを「**バリアフリー**」としているという（光野有次『バリアフリーをつくる』四〇頁）。

駅の階段、表示、アナウンスの仕方ひとつをとっても「バリアフリー」の対象となる。障害をもつ人がいろいろなハンディを受けるのは個人のせいではない。ハンディを生み出す社会・文化環境こそが問題なのだ。環境が障害をつくる。これは**ノーマライゼーション**という「あたりまえの社会づくり」の原点であり、その具体的な思想と方策が「バリアフリー」といえよう。

自助具や障害をもつ人にとって使いやすい家具の開発から公共施設、地域、都市全体のバリアフリー化まで、その方向はさまざまに構想され実施されている。ただ本書第4章で述べられているように、都市環境もまだまだ危険で問題が多い。さらに法律のなかにも「**障害者欠格条項**」が厳然と存在し、それを撤廃させる運動も進められている（「障害者欠格条項をなくす会」）。障害者を排除する制度、社会、文化が息づいているのだ。

もちろん、こうした「**排除する・生きにくい社会**」を変えていくうえで「バリアフリー」は必須だ。でも、いったい誰のために、何のために「バリアフリー」するのだろうか。「バリア」とは、物理的環境であれ制度であれ、常識的なふるまいをつくりあげるさまざまな偏見や差別的な知識であれ、「わたし」がほかの「わたし」と出会おう、つながろうとすることを妨げる装置だ。この装置のマイナスを認識し、装置に囚われ、あるいは安住している「わたし」を解き放っていく。こうした実践こそが「バリアフリー」の核心にある。ふだんの暮らしのなかで、「わたし」をほかの「わたし」に向けて、どのように解き放っていけるのか。日常生活の「バリアフリー」が、いま、求められている。

たとえば乙武洋匡『五体不満足』（講談社）という超ベストセラーがある。少年少女文庫にまでその名を連ね、まさにいま、万人の必読書となっている。この本のなかで**「心のバリアフリー」**が主張されている。ひとびとに意識上の障壁をとりのぞこうと呼びかけるいわば啓発のメッセージだ。わたしはこの主張を読み、まったく共感する。ただ残念ながら『五体不満足』を読むことで「心のバリアフリー」が達成されることはない。

障害を「障害」として悩み苦しむこともなく、いともたやすく「克服して」明るく生きていく姿、そうした「快活さ」を支援し共感していく周囲のひとびとの様子などが軽やかに語られている。確かに多くのひとびとは読んでいて面白く、印象深く、また感動もするだろう。しかしこうした物語の言説は感動を呼び起こしこそすれ、わたしたちがあたりまえの日常のなかで抱いている障害者をめぐる「常識的な推論、イメージ」を根底からくつがえすことはない。そうした推論に安住し「障害者」に向けてある偏りをつねに投げかけてしまう「わたし」を、いわば腹の底から不安にさせることがないからだ。

「心のバリア」を打ち壊すことは必要だ。何がどのように「心のバリア」であるのかを考え、そこから解放される方途を模索するために、たとえば、もっと興味深い本がある。金満里『生きることのはじまり』、松兼功『障害者が社会に出る』（いずれも、ちくまプリマーブックス）、安積遊歩『癒しのセクシートリップ』（太郎次郎社）、牧口一二『ちがうことこそええこっちゃ』（NHK出版）、北島行徳『無敵のハンディキャップ』（文藝春秋）などなど。いずれも読む側が抱いてしまっているさまざまな常識を根底から揺り動かす書物だ。

なぜこうした本が、ベストセラーにならないのか。実は、ここにこそ「心のバリアフリー」とは何かを考える鍵がある。

（好井裕明）

参考文献　光野有次『バリアフリーをつくる』岩波新書、一九九八年／乙武洋匡『五体不満足』講談社、一九九八年

第5章　フェミニズムからみた環境問題
——リプロダクティブ・ヘルスの視点から

萩原　なつ子

1——二つの思想との出会い：エコロジーとフェミニズム

経験を通して出会った思想

一九七〇年代終わりから八〇年代初めにかけて、私は、自らの経験を通して二つの思想に出会った。その二つの思想とは、エコロジーとフェミニズムである。

一九七五年、大学進学のために上京し、一人暮らしを始めた。ところが、高速道路の立体交差がすぐ脇にあるアパート暮らしのなかで、しだいに健康を害していくことになったのだ。排気ガスで汚染された空気、食生活のバランスの崩れなどから体調不良となり、たびたび薬のお世話になることを繰り返した。そのような悪循環のなかで、私は「複合汚染」を実体験することになったのである。その悪循環から抜け出すためにも、しだいに、自分の生活をも含めた現代のライフスタイルから、人間と自然との関係性を見直すようになっていった。すると、自分の食べているものがいったいどこで誰がどのように作っているのかもわからず、生きるために体内に取り込むはずの食そのものの安全性に問題があることがわかってきた。さらに第三世界の環境破壊と日本の豊かさとが、密接につながっていることなども見えてきた。まだ学生であった私は、拙いながらも、どのような社会が人間にとって望ましいのかを考えはじめたのである。そのようなときに、私は、エコロジー思想に出会うことになった。

大学を卒業した私は、女性の自立とは何かを考えつつ、意気込んで企業社会に参入することになった。しかし、その意気込みも、しだいに疑問に置き換えられていくことになった。企業社会は、その構成員として、家事専従の妻（専業主婦）をもつ、健常な男性を前提としている。そのような企業社会で働きながら、私は、男性並み、あるいはそれ以上に長時間労働をしてその対価を得ることが、必ずしも女性の自立につながらないことに、さらには、給料を稼ぐマシーンと化している男性たち自身も、けっして「人」として満足するような生き方をしているわけではないということに、気がついてしまったのである。そのような状況で、私はフェミニズムという思想とかかわっていくことになった。

当時、フェミニズム思想のメイン・ストリームは、男並みにキャッチアップすることを目標とするリベラル・フェミニズムから、産む性としての女性の生殖を障害とみなすような、現状の社会システムのあり方自体を問題視する方向に移行していた。性差別的な脈絡でとらえられてきた女性の身体の解放をめざすようになっていたのである。

エコ・フェミニズムとの出会い

ところで、自らの経験を通して、エコロジーとフェミニズムという二つの思想に出会った私は、当初、それぞれを別の文脈の問題としてとらえていたように思う。しかし、それらの思想がとらえようとしている問題が、実は、根底のところでつながっているように思えてきたのである。もちろん、二つの思想を学びはじめるとすぐにわかることだが、フェミニズムにもエコロジーにもさまざまな考え方があり、けっして一枚岩でない。ただ、オルタナティブな社会をめざすエコロジー思想は、自然を支配するという考え方を改め、人間は自然によって生かされているという考え方に変わること、企業や国家の利益が優先されるのではなく、人や生き物の生命が尊ばれる社会にすることをめざす。そうした考えは、いわゆるパラダイムの転換、価値観の転換を伴うという意味でもフェミニズムとたいへん共通しているように思えたのである。

そのことを確信したのは、勤めていた企業を辞め、再び大学に戻り、フェミニズムの視点から人口問題について学んだ時のことであった。とくに、エコ・フェミニズムと呼ばれる思想との出会いが、その後の私に決定的な影響を与えることになった。近代社会（家父長制的資本主義社会）が、女性の身体、自然環境、そして第三世界の搾取の上に成立していることを、エコ・フェミニズム(1)が私に気づかせてくれたからである。

2―人口問題と女性の身体

人口問題とエコ・フェミニズム

エコ・フェミニズムという言葉は、一九七〇年代初めにエコロジーとフェミニズムの運動を始めた、フランスのフェミニスト、フランソワーズ・デュボンヌによって生み出された。彼女は、人口問題とは、「女性が生殖をコントロールできなくなった瞬間から生じた」と主張している。さらに女性の生殖にかかわる自己決定の問題はエコロジーとフェミニズムの交差上にあるとして、次のように述べている。

「急激な人口増大は現在の破局を表している。資本主義的なネオ・マルサス主義者たちとの相違を明らかにするために、金持ちの社会（私たちの社会）の比較的低い人口増大でさえ、第三世界の『人口過剰』よりエコロジー的にみてはるかに破局的であることをつけ加えておこう。これら金持ちの国々の市民ひとりあたりの資源の破壊の度合いのためだ。生まれたばかりのアメリカやスイスの子どもはチリの子どもの二〇倍もの生産物を消費する——つまり破壊する——ことになっているのである。一方、この世界の諸政府（「高齢・男・白人・金持」と特徴づけられよう）は自分たちに脅威を与える貧しい国々の出生率を抑えようとしながら、自分たちの国の出生率は上げようとしている。ところが第三世界の女性たちよりも闘う手段をもつこれらの国々の女性たちは、こうした操作を拒否し、自分たちの身体を自分たちの自由な意志のもとにおくことを要求している。第三世界における出生率の低下は女性たちによる自らの母性のコントロールによってのみ、つまり彼女たちの解放によってのみ可能なのであり、権力主義的で醜悪な操作や方法（不妊化）によってではない」(2)。

デュボンヌも指摘するように、一九七〇年代からすでに、第三世界の人口爆発は、環境破壊そして貧困問題の元凶として国際政治の政策課題となり、国連や各国政府主導による人口抑制政策が推進されるようになっていた。しかし、ひとたび、政策の対象となる女性の側に視点を転じるならば、それらの政策とは、女性の身体管理を当然のこととする、女性に対する差別や抑圧でしかない。環境政策や人口政策の名のもとで、女性に対する差別や抑圧が行われているという現実を無視してもよいのか。学生時代の私は、この人口抑制政策の実態を学ぶうちに、女性の身体だけが、当然のごとく、集中的に国連や政府の管理の対象となっているということに、怒りにも似た疑問をもつに至った。

青木やよひは「女性問題は現代文明の矛盾を露呈させる」と述べている(3)。「女性問題」こそが近代文明が生み出した矛盾のシンボルであり、科学技術がもたらす歪みを映し出す鏡であるからだ。そのように考えたとき、環境問題と人口問題とは、まさに近代文明が生み出した矛盾なのであり、すぐ後に述べるような女性のリプロダクティブ・ヘルス／ライツをめぐる問題を、人口政策や環境政策との関連から解き明かそうとしたとき、それは、いま述べた矛盾を自ずから露呈させていくことになるのである。

人口政策と女性

長い間、人口抑制政策として行われてきたこととは、統計上の人口抑制、つまり量的に人口を減らすために、妊娠・出産をする女性の身体を直接的にコントロールしようというものである。これは一九七四年に、ブカレストで開かれた世界人口会議で採択された「世界人口行動計画」を契機にしているといわれている。この行動計画により、過剰人口は貧困そして経済発展を妨げる原因であるという前提のもと、女性の健康、人権を無視した避妊薬の投与、不妊手術、避妊手術、中絶が当然のごとく行われたのである。

このような人口政策における女性の人権侵害の問題に対しては、一九七〇年代以降の女性解放運動が、当時は「産む権利・産まない自由」を求める運動の一環として抗議を行ってきた。そのような運動は、リベラル・フェミニズムと一線を画すものである。リベラル・フェミニズムは近代社会のあり方を容認しつつ、「男性＝文化、女性＝自然」という図式を前提に、女性の身体、とくに生殖機能を否定的な要素としてとらえてきた。一九七〇年代中頃からのフェミニズムにおいては、生殖機能を否定的要素として切り捨てるのではなく、逆に、近代社会により疎外されてきた女性の身体を解放し、またそうすることで、ありのままの女性の身体性を前提としたオルタナティブな社会を模索してきた。

そして、一九九〇年代以降、そのような女性の身体性をめぐる問題は、〈リプロダクティブ・ヘルス／ライツ〉という新しい概念でとらえられるようになった。この概念は、とくに一九九四年にカイロで開かれた「国際人口・開発会議」（通称、カイロ会議）を経て、世界中で広く認知されることとなり、性と生殖に関する新たな健康問題として、男性の健康問題も含めたグローバルな議論の対象となった。

3―環境問題とリプロダクティブ・ヘルス／ライツ

ここで少しくわしく、リプロダクティブ・ヘルス／ライツについて説明しておこう。

リプロダクティブ・ヘルス／ライツの概念

リプロダクティブ・ヘルス／ライツという概念は、日本においてはカイロ会議をきっかけとして、とくに女性の普遍的な人権を示す概念として急浮上した言葉である。日本語では「性と生殖に関する健康と権利」という訳が定着している。しかし、カイロ会議以前の厚生省、外務省の翻訳は「妊娠と出産に関する健康と権利」だった。ところがこの訳では、出産しない女性、思春期、更年期、婦人科疾患、性感染症、そして男性の健康問題が含まれないことから、一九九三年秋に組織されたNGO「'94カイロ国際人口・開発会議女性と健康ネットワーク」（代表・樋口恵子）が中心となって、「性と生殖に関する健康と権利」という翻訳を広める活動を起こした。その結果、両省の公式文書の翻訳は最終的に「性と生殖に関する健康と権利」になったという経緯がある(4)。

さて、カイロ会議で採択された「行動計画」では、リプロダクティブ・ヘルス／ライツについて、次のように定義している。

「リプロダクティブヘルス（reproductive health）とは、人間の生殖システム、その機能と（活動）過程のすべての側面において、単に疾病、障害がないというばかりでなく、身体的、精神的、社会的に完全に良好な状態にあることを指す。したがって、リプロダクティブヘルスは、人々が安全で満ち足りた性生活を営むことができ、生殖能力をもち、子供を産むか産まないか、いつ産むか、何人産むかを決める自由をもつことを意味する。（中略）

リプロダクティブライツは、国内法、人権に関する国際文書、ならびに国連で合意したその他関連文書ですでに認められた人権の一部をなす。これらの権利は、すべてのカップルと個人が自分たちの子どもの数、出産間隔、ならびに出産する時を責任を持って自由に決定でき、そのための情報と手段を得ることができるという基本的権利、ならびに最高水準の性に関する健康およびリプロダクティブヘルスを得る権利を認めることにより成立している。その権利には、人権に関する文書にうたわれているように、差別、強制、暴力を受けることなく、生殖に関する決定を行える権利も含まれる」(5)。

大事なのは以下の部分である。

「世界の多くの人々は、以下のような諸要因からリプロダクティブヘルスを享受できないでいる。

写真　国際人口・開発会議（カイロ会議）会場に出展したNGOのブース（エジプト・カイロ、一九九四年九月撮影）ジョイセフ（家族計画国際協力財団）のコーナーにて（写真提供・ジョイセフ）

すなわち、人間のセクシュアリティに関する不十分な知識、リプロダクティブヘルスについての不適切または質の低い情報とサービス、危険性の高い性行動の蔓延、差別的な社会慣習、女性と少女に対する否定的な態度、多くの女性と少女が自らの人生の中の性と生殖に関し限られた権限しか持たないことである」。

つまり、リプロダクティブ・ヘルス／ライツの概念は、「今なお女性の立場や視点から、より深く検討していく必要がある」こと、「女性は人口政策の対象となっている場合が多く、避妊のための器具や薬品に関する適切な知識や情報を持たないままに『良かれ』と思って利用している（または利用させられている）技術が、自らの健康を害する原因になる場合があるといったことが開発途上国のみならず、先進工業国においても稀ではないということ」(6)を認識することが重要なのである。

男女産み分け技術

とくに近年その技術革新が著しい、生殖技術に関しては、先進国、途上国を問わず、女性の人権侵害、身体への暴力ということでは共通する問題点を抱えている。生殖技術のなかでも、環境問題と人口問題と関連して利用されているのが、男女産み分け技術である。男女産み分け技術は、女より男を尊重する慣習や、男性優位の社会経済構造のなかでは、結果的に女児の中絶を増加させることになる。しかも男児優先は、先進国、発展途上国を問わずみられる現象である。生まれる前に殺され犠牲になる女児の胎児は、「前犠牲者」と呼ばれているが、生殖技術が、性差別、女性蔑視と見事につながっている顕著な例である。

男女産み分け技術は、妊婦の子宮に針をさして、羊水を採り出して染色体を識別する、羊水穿刺が最も一般的なものである。今日では、染色体レベルのみならず胚移植（人工受精した卵を子宮に移植する前に、胚の細胞を顕微鏡で調べ、望まない性であれば捨てる）、体外受精による性の前決定（着床前に受精卵の性別を決定する技術）、クローンニング（胎児が細胞を提供した人の性になる）、さらには、「男を産むピル」の開発など、最新生殖技術を用いて、子どもの性別を前もって知ろう、決定しようとする研究が進められている。そして、このような、「性の前決定」研究の理論的根拠に、選択肢の拡大、遺伝病の予防、そして人口抑制が挙げられている。

人口抑制

人口抑制についていえば、女性蔑視、男児優先の慣習が残る社会的文化的環境のなかでは、女性は必然的に男児を産むことになる。男児が生まれれば、〝余計〟な、すなわち女児は生まれず、女性が少なくなれば人口が減る、という論理なのである。ジーナ・コリアは、男女産み分け技術の重荷は最終的には女性のからだにふりかかってくると、次のように述べている。

「子どもの性を選ぶための中絶を、妊娠四から六ヵ月の間に受けるという危険な目にあわなければならないのも女性です。この中絶手術は妊娠三ヵ月以内に受ける中絶手術の六倍も生命の危険を伴うのです。時には痛みを伴う人工授精に何度も何度も耐えなければならないのもまた女性なのです」(7)。

男女産み分け技術に限らず、多くの生殖技術の推進者や支持者は、希望する者だけが技術を利用すればよいという。しかし、カイロのリプロダクティブ・ヘルス/ライツの説明にも明記されていたように、現実には、妊娠・出産に関する自己決定権をもたない女性たちは、生殖技術に関する情報を何も知らされないままに、強制的に利用させられ、健康を害しているという事実があるのである。

リプロダクティブ・ヘルスとは、いまみてきたように、人口抑制政策と深く関連しながら、女性の妊娠・出産に関する自己決定の問題をその中核においている。しかし、そのような問題と同時に、すでに述べたように、出産しない女性、思春期、更年期、婦人科疾患、性感染症、そして近年では、男性の健康問題までをも含めて考えられるようになってきている。

エコ・フェミニズムの有効性

私たちは、このような視点からいまなぜリプロダクティブ・ヘルスなのかを考える必要がある。たとえば、綿貫礼子は、「一九九〇年代の今日まで、『生殖』に関する重大な健康問題が、グローバルイシューになっていなかったこと自体、遅きに失したことである」と述べ、従来の女性の生殖機能のみに引きつけがちであったリプロダクティブ・ヘルスの概念を、同時に、環境汚染に起因する世代と世代にまたがる問題へ、さらには男性の健康問題へと視覚を広げることの重要性を指摘している。かくして、リプロダクティブ・ヘルスの問題を通して、エコロジーとフェミニズムの思想がダイナミックに交差してくるのである。ここに、現代社会の分析手段としての、エコ・フェミニズムの有効性が生まれてくる。綿貫はいう。

「つまり、環境汚染因子（物質）の毒性の種類によっては、すでに多様な健康破壊が世代をこえて起こっている。とりわけそのような環境因子は卵子、精子など、生殖細胞の遺伝子を傷つける可能性がある。それゆえ、親のリプロダクティブ・ヘルスは将来産まれるであろう子や孫の生涯にも重大な影響を与えずにはおかないと考えるからである」(8)。

そこで、この綿貫の主張をもとに、一九九八年来大きな社会問題となり、まさに人類の性と生殖に関する健康に深くかかわる「環境ホルモン」（内分泌攪乱化学物質）を取り上げる。そして、環境ホルモンをめぐる社会的言説を、エコ・フェミニズムの視点からみることにしよう。

4―人間＝男か：環境ホルモンの言説をめぐって

環境ホルモン問題の背景

一九九八年の流行語を代表した言葉は「環境ホルモン」だった。火付け役となったのは、一九九七年五月にＮＨＫで放送された科学番組「サイエンスアイ」である。この番組のなかで、化学者である井口泰泉が造語した環境ホルモンという言葉とともに、私たちの身の回りにある化学物質が生物のみならず、人間の生殖機能にも影響するという事実、とくに若い男性の精子の減少と深く関係しているということが報道された。そして、その後の各テレビ局による環境ホルモン特集番組やさまざまなジャンルの雑誌記事を通じて紹介され、またたく間に日本全国に浸透していった。それと相次いで翻訳出版された『奪われし未来』、『メス化する自然』はベストセラーになった(9)。

しかしながら、環境ホルモン問題は、テレビ番組を通して紹介されるずっと以前から、専門家の間では、ある種の化学物質が生物の生殖と発生に強く影響を与えるとともに、人体にも影響を及ぼすことが確認されていた。そのルーツともいえるものが、多くの研究者たちの指摘する通り、レイチェル・カーソンの『沈黙の春』なのである。レイチェル・カーソンはDDTをはじめとする化学物質の野生生物、人体への影響について指摘し、「新たな生命の誕生がもはや見られない」ような社会の到来を予測した。そして一九五〇年代、六〇年代には、DDT、PCBなどに女性ホルモン作用があることが動物実験によって証明された。さらに、一九九一年以降には、『奪われし未来』を著したシーア・コルボーン博士を中心に、国際会議が何回も開かれてもいた。しかし地球温暖化、オゾン層の破壊などと同じ水準で、環境ホルモン問題が、日本国内で、地球的規模の環境問題、健康問題として社会的に認知されるとともに、その研究の必要性が唱えられはじめたのは、実質的には一九九〇年代後半になってからなのである。それは、ちょうどゴミ焼却場から発生するダイオキシンが社会的な問題になった時期である。

では、なぜ環境ホルモンが、この時期に急激に社会問題化していったのだろうか(10)。

メス化は人類の破滅なのか

私が注目したいのは、環境ホルモンという言葉が、男性の精子の減少、男性生殖器への影響といった男性の生殖機能に関わる影響だけが強調されて、テレビ番組、新聞、雑誌、講演会などを通して、社会に流布してきたという点である。そのような流布の背後には、かつてフェミニズムが鋭く抉り出した、「男=人間、女=特殊性・他者性」という、ジェンダーの非対称性に基づく権力構造と同様のものが存在している。環境ホルモンをめぐるさまざまな言説は、そのことを私たちに、あらためて思い起こさせてくれる。

たとえば、環境ホルモンが語られるとき、たびたび登場する「メス化」(feminization)という言葉がそうである。重要なのは、その語られ方である。北原恵は、たとえば、精子の減少が「オスのメス化」であり、胎児が「もう男になれなくて、女の性器をもったままになってしまう」という環境ホルモンをめぐる「常に男を基本とする」言説について、「『メス化』へのことさらの恐怖心の影には女性嫌悪や去勢恐怖が見え隠れしないだろうか？」と指摘している(11)。

このジェンダーの非対称性については、綿貫も、「一九六〇年代のはじめに、生命系の異常は、レイチェル・カーソンの『沈黙の春』の警告を機に広く知られるようになったが、とりわけ女のからだの異常、その象徴としての母乳の人為物質による汚染――『母乳の人為化』――は、ひとつの衝撃的なリプロダクティブ・ヘルスの情報であった。また、環境汚染と人間の『健康』との関わりの歴史をリプロダクティブ・ヘルスの視点でみると、やはりそこにも生殖に関わる女性特有の課題は落とされている」(12)と指摘している。

「女性の問題」の不可視化

この北原や綿貫の指摘を裏づけるような資料がある。環境庁リスク対策検討会監修による『環境ホルモン――外因性内分泌撹乱化学物質問題に関する研究班中間報告書』(一九九八年)(13)である。その目次を開いてみると、内分泌撹乱化学物質(endocrine disrupting chemical, 通称、環境ホルモン)のこれまでの検討結果として、第二章第一節に「人の健康影響」が挙げられている。はたして最初の項目として挙げられていたのは「精子への影響」なのである。ついで「がん」が取り上げられており、乳がん、子宮体がん、卵巣がん、前立腺がん、精巣がんの発ガンリスクと環境ホルモンについての因果関係が述べられている。そして三番目に挙げられているのが「その他のヒトへの影響」である。ここでは、女性の健康に影響のある生殖器系疾患の子宮内膜症、免疫異常、先天異常などが対象となっている。また女性に多いといわれる自己免疫疾患の病勢と女性ホルモンレベルに関連があるとしてDES、PCBなどの化学物質との因果関係について述べられている。

DES

ここで注目されるのは、「先天異常」と環境ホルモンとの関連で説明されている合成女性ホルモン（ステロイドホルモン）、DESである。DESは一九五〇年から七〇年代にかけて、切迫流産の予防のために妊婦に投与された強力な合成女性ホルモンである。DESを投与された母親から生まれた子ども（男女、DES二世と呼ばれている）の生殖器に奇形が多くみられたこと、腺がん、膣がんなどが発症したことからその後投与されなくなったといういきさつがある。ただ、不思議なことに、環境庁の環境ホルモンに関する報告書においては、DESを投与された妊婦から誕生した男性の、成人後の尿道下裂、小睾丸、精液の異常については言及しているが、同じ女児、成人した女性への影響についてはまったく触れられていない。

DESと「誕生前のがん」との関係、とくに女児に対する影響については、「日常のありふれた環境物質の数々が子どもの健康にどう影響しているかという知見と事実を示す」ために二〇年ほど前に書かれた、クリストファー・ノーウッドの『胎児からの警告』にくわしい(14)。ところが当時は今日のような環境ホルモン・シンドロームとでも呼べる社会問題には発展しなかった。どうして、今回のばあいは、社会問題化したのだろうか。

単純化して言ってしまえば、圧倒的に男性が多数を占める政治家、医者、厚生省の官僚、製薬会社の社員からみれば、女性の健康が脅かされている時には、自分の問題としてとらえられていないのである。ところが、精子が減っている、ペニスが短小化しているとなると、とたんに現実性を帯びた男性の問題となり、「自分たち男は、オスは大丈夫か、人類の滅亡だ！」という話に展開していくのである。このようにいうと、いささか乱暴な言い方に聞こえるかもしれない。しかし、私はそのようには思わない。たとえば発展途上国で二五年間にわたって助産婦を続けている女性は次のように語っている。

「もし毎年、何十万人もの男性が（女性が置かれているのと同じように―引用者注）孤独や恐怖、苦痛のうちに死に、何百万人もの男性が後遺症に苦しみ、恥辱を味わい、性器を損傷し、治療を受けられず、傷が痛み続け、不妊や失禁状態になり、性交渉を恐れるようになっていたら、ずっと前にこの問題が取り上げられて、何かがなされていたに違いない」(15)。

世界では毎年、妊娠、出産、中絶、感染症、性器切除、病気、望まない性交渉などによって一五〇〇万人以上の女性たちが健康を害し、時には命を落としているといわれている。しかし、これらの事実は長い間「女性の問題」であるとして「沈黙の壁」のなかに押し込まれてきた。歴然とした事実があるのにもかかわらず、見えないものとして「不可視化」されてきたのである。私たちは、今回の環境ホルモンの社会問題化の過程にも、これと同様のジェンダーの非対称性が存在することを見逃してはならない(16)。

5―ジェンダーの非対称性の克服：オルタナティブな社会をめざして

外なる自然と内なる自然

私たちは、環境ホルモンをめぐる社会的言説のなかに、ジェンダーの非対称性をみてきた。ところが、その問題性は、すでに述べた人口抑制政策の実態のなかにも似たような形で見出すことができる。すなわち、人口抑制政策とは、人間（＝男性）社会の存続を可能にするために、男性の側が、女性の身体、性や生殖を、人口抑制のための対象、道具的手段として一方的に操作し管理しようとするものであり、女性は、そのような政策のなかで生み出された避妊のための技術を、十分な情報がないまま、潜在的な危険性を伴いながら、受け入れざるをえないからなのである。これは、まさしく、身体という「内なる自然」の支配／破壊である。人口の増大による資源の枯渇、自然環境の破壊という「外なる自然」の破壊の問題を考えるとき、私たちは、同時に「内なる自然」の破壊という問題をも考えていかなければならない。ただ、ここでつけ加えなくてはいけないことは、このことが女性だけの問題ではなく、次世代、将来世代にとっての問題、そしてもはや男性にとっての問題でもあるということなのである。

環境ホルモンによる影響は女性自身にとっては、乳がん、子宮内膜症、不妊症など「内なる自然」の破壊を伴う。同時に、妊娠・出産・授乳という生物学的機能を担う女性は、体内に取り込んだダイオキシン、PCBなどの汚染物質を、とりわけ授乳を通して子どもに受け渡し、意図せざる結果として、将来的な健康被害を背負わせてしまう可能性を高くもっている。

しかし、忘れてはならないのは、たとえばベトナム戦争の「枯葉作戦」、チェルノブイリの原発事故に象徴される「地球の毒物化」によって環境に負荷された物質は、たとえ父親だけの被曝であっても、遺伝子レベルで胎児に何らかの影響を与えることが報告されている。つまり男性もまた環境破壊の被害者として「内なる自然」が破壊されると同時に、身体そのものが次世代にとっての危険な環境となりうるという事実があるのだ。

このような事実を目前にしたとき、これまでの、男性が「産ませる性」であり、女性が「産む（産まされる）性」といった、非対称性に基づく見方は根底から崩れていくことになる。今日、男性もまた「産む性」としての自覚をもたざるをえない状況を迎えているのである。すなわち、エコ・フェミニズムに基づき、リプロダクティブ・ヘルスという概念を通して現代社会をとらえたとき、「内なる自然」の支配／破壊の問題が、自然環境という「外なる自然」との支配／破壊の問題と連動していることがみえてくる。現在、深刻化している環境ホルモンの問題は、このエコ・フェミニズムの視点からとらえたとき、私たちがオルタナティブな社会をめざす際に、忘れてはならない重要な示唆を与えてくれる。

オルタナティブな社会の条件

「オルタナティブな社会とはなにか」といった問いを前にしたとき、通俗的な自然保護の立場にたつ〝エコロジスト〟たちは「人間を自然の一部ととらえ、自然と人間との共生に基づいた社会」と答えるだろう。この時に気をつけなければならないのは、「人間を自然の一部ととらえ」という語られ方である。なぜならば社会的な問題にあまり関心のないエコロジストたち（たとえばディープエコロジスト、リベラル環境主義者）は、人間を生物種のひとつに還元してしまう「生命中心主義」の立場をとっており、「人間」の間にある不平等やヒエラルキーを無視してしまう傾向があるからである。このような「生命中心主義」に基づいた「自然と人間との共生」に対しては、エコ・

フェミニズムおよびソーシャル・エコロジーの立場から強い批判が出された。

ソーシャル・エコロジストのマレイ・ブクチンは、ソーシャル・エコフェミニズムの理論的バックボーンとして影響力をもっている。彼は自然と人間との関係にのみ焦点をあて、「人間」間にある社会的問題、すなわちヒエラルキー、階級、ジェンダー、エスニックな背景、国家間における抑圧、差別、搾取等に無関心なエコロジストが導こうとしている社会は、けっしてエコロジー的なオルタナティブな社会ではありえないと主張している。

少し長くなるが、一九八七年にカリフォルニアで開かれた「アメリカ・エコロジスト全国集会」で、ブクチンが出会った若者とのやりとりを引用してみよう。

自称「エコロジスト」がエコロジーの反対者とよく似た思考様式をもっているという事実に大変いらいらしていたので、私は率直に質問してみることにした。

「君は現在のエコロジー的危機の原因が何だと思っているんだね?」

彼の答えは非常に語気の強いものだった。

「人間だよ!　人間たちがエコロジー的危機に責任があるんだ!」

「君は、黒人や女性や抑圧されている民衆がエコロジー的なバランスを破壊していると言いたいのかね――企業やアグリビジネスや支配エリートや国家ではなくて?」私はすっかり驚いて聞き返した。

「そうだ。人間たちさ!」彼はますます激昂して答えた。「あらゆる人間さ!　彼らが地球上で増えすぎているし、彼らが地球を汚染しているし、彼らが資源を貪っているし、彼らが貪欲なんだ。だから企業が存在しているんだ。人間たちが欲しがっているものを提供するためにね」(17)。

ブクチンは「彼とのやりとりを忘れないだろう」と述べている。その理由は、彼の発想が環境破壊を引き起こした「企業社会の発想法と非常によく似ている」こと。そして、もっと深刻な問題として、環境破壊のすべての原因が人間という生物種にあるとする彼の主張は、社会的に抑圧されている人々も、強い権力をもち、環境破壊を引き起こしてきた「企業エリートと共犯関係にある」とされてしまう、つまり「エコロジー的な諸問題の社会的根源は抜け目なく曖昧化されてしまう」からだと述べている。

環境主義への批判

このように、「人間」を社会的存在ではなく、「多くの生物種に還元」してしまう「生命中心的平等」に立つエコロジー思想は、たとえば「アフリカの子どもたちは――おそらくほかの動物たちと同様に――『過剰人口』をもたらしており、それぞれの国の生物学的な『収容能力』に負担をかけているから飢餓状態で放置されるべきだ」「エイズの流行は『過剰な』人口を削減する手段として歓迎すべきだ」と考えてしまう強硬な環境主義の人々――ブクチンに「悪いのは人間だ！」と言葉を投げつけたカリフォルニアの若い男性のような――を生み出してしまうと、ブクチンは批判している。

エコ・フェミニズムの立場から出されている批判も、ここに起因する。人権、とくにジェンダーの視点が抜け落ちた環境主義者、つまり、「ヒト」という種を量的に、適正規模に減らすこと（彼らにとっての）が、環境破壊を食い止める方法であると信じる人々が、その手段として、妊娠・出産という生殖機能をもつ女性のからだをコントロールしようと考えるのは必然であるからだ。

今日、人口政策において、「人口と資源のバランスを本質的な問題」とみなす考え方に対しては、多くの社会科学者が、女性の社会的地位の低さ、乳幼児死亡率の高さ、老後の生活保障などの社会的、経済的、そして文化的な諸力の相互作用であることを指摘している。またフランシス・ムア・ラッペらは、綿密なデータをもとに飢餓、貧困、環境破壊の根本原因を人口に求めることの非論理性を示し、さらには環境破壊、人口増加、貧困を増大させる、人間社会における反民主主義的な権力構造の変革が不可欠であると述べている(18)。

こうして、来るべきエコロジカルでオルタナティブな社会への道筋が明らかになる。人間と自然との調和の回復は、人間と人間の調和の回復なしには達成できないという前提に立ったものでなくてはならない。エコロジーとフェミニズムの交差の意味はここにある。

注

(1) エコ・フェミニズムにもいくつかの潮流があり、相違点がある。大きく文化的エコフェミニズムとソーシャル・エコフェミニズムの二つに分けることができる。くわしくは、萩原なつ子「エコロジカル・フェミニズム」江原由美子・金井淑子編『ワードマップ・フェミニズム』新曜社、一九九七年を参照のこと。
(2) フランソワーズ・デュボンヌ「フェミニズムとエコロジー」青木やよひ編『フェミニズムの宇宙』新評論、一九八三年、一八四―一八五頁(原題 "Feminisme et ecologie", in *L'Homme et son environnement*, 1976)。

（3）青木やよひ『フェミニズムとエコロジー』増補新版、新評論、一九九六年。

（4）「期限つきで機嫌よく」を合言葉に一年限りのNGOとして発足した。その後一九九八年一二月に、ポストカイロ会議に向けて、「女性と健康ネットワーク'99」として再結成された。一九九九年二月の国際フォーラム（ハーグ会議）、三月のニューヨークの準備会議にNGO代表として政府代表団に参加している。

（5）引用は二ヵ所とも外務省監訳『国際人口・開発会議「行動計画」』世界の動き社、一九九六年、三五—三六頁。

（6）'94女性と健康ネットワーク編『'94カイロ国際人口・開発会議女性と健康ネットワーク報告集』一九九五年。

（7）ジーナ・コリア、斎藤千香子訳『マザー・マシン——知られざる生殖技術の実態』作品社、一九九三年、二四五頁（原著一九八五年）。

（8）綿貫礼子「リプロダクティブ・ヘルスと地球生命系」上野千鶴子・綿貫礼子編『リプロダクティブ・ヘルスと環境』工作舎、一九九六年、二五頁。

（9）シーア・コルボーンほか、長尾力訳『奪われし未来』翔泳社、一九九七年、デボラ・キャドバリー、古草秀子訳『メス化する自然』集英社、一九九八年。

（10）環境ホルモンをめぐっては、その命名を含めて、さまざまな「科学的」論争が起きた。たとえば『奪われし未来』については、国立医薬品食品衛生研究所安全生物試験研究センター毒性部の井上達の、「個別には科学的な多くの事象ながら、それらを必ずしも適切な論理的手法でなく繋ぎ合わせたために、しかもこれに現職の米国副大統領、アル・ゴアが序文を添えるなどしたことにより、（中略）公衆に対していっそう過激な危惧の念を引き起こせしめた感がある」（環境庁リスク対策検討会監修『環境ホルモン外因性内分泌攪乱科学物質問題に関する研究班中間報告書』一九九七年、三頁）という〝批評〟にみられるように、因果関係のはっきりしないグレーゾーンの評価をめぐっては、「精子減少の事実はない」「これくらいの数値ならば人体には影響ない」といった、〝専門家集団〟による過小評価に基づいた見解や報道も少なくなかった。

(11) 北原恵「境界攪乱へのバックラッシュと抵抗」『現代思想』一九九九年一月号。

(12) 綿貫、前掲論文、二五頁。

(13) 環境庁リスク対策検討会監修『環境ホルモン――外因性内分泌攪乱化学物質問題に関する研究班中間報告書』環境新聞社、一九九八年。

(14) クリストファー・ノーウッド、綿貫礼子ほか訳『胎児からの警告』新評論、一九八二年。

(15) ピーター・アダムソン「『女性・妊産婦の死』解説」ユニセフ編『国々の前進』一九九六年、五頁より引用。

(16) 立花隆が東大の「立花ゼミ」の学生(男女)に向かって発した、次の言葉にもジェンダーの非対称性をみることができるだろう。「この環境ホルモンの問題というのは、若い人たちが真剣に考えたら、暴動を起こしたって不思議ではないくらいの問題を含んでいると思うんですね。(中略)生まれたばかりの男の赤ちゃんを全部集めて、百人に一人の割合で、そのオチンチンをチョン切るなんてことを国がきめたりしたら、どこの国だってたちまち暴動がおきるよ」(立花隆・東京大学教養学部立花隆ゼミ『環境ホルモン入門』新潮社、一九九八年、一六頁)。立花にとっての「若い人」というのは男子学生のみを想定しているとしか思えない発言である。またアフリカを中心として、二〇〇〇年にわたって行われてきた、女性の身体への暴力、「性器切除」についてはどのように考えるのだろうか。

(17) マレイ・ブクチン、萩原なつ子ほか訳『エコロジーと社会』白水社、一九九六年、九一一〇頁。

(18) フランシス・ムア・ラッペほか、戸田清訳『権力構造としての〈人口問題〉』新曜社、一九九八年。

低用量ピルの認可をめぐって（121頁）

経口避妊薬（通称**ピル**）の使用と**低用量ピル**の認可の問題については、女性の身体と生殖に関して、自律性や自己決定を要求する立場をとる女性たちの間で、長年議論がなされてきた。というのも、日本国内では低用量ピルが一九九九年六月になるまで認可されず、副作用が強い中・高用量ピルが処方されていたからである。低用量ピルの認可を求める動きは、古くは一九六五年、最近では一九九〇年、一九九八年に起きた。一九九〇年の時はＨＩＶ（エイズ）の感染を促すという理由で、そして一九九八年は、環境ホルモン問題を遠因に、認可が見送られた。

女性ホルモン様物質は、胎児期のわずかな期間に**環境ホルモン**として作用し、男性ホルモンの正常な働きを阻害することによって、「**オスのメス化**」に影響を与えることがわかってきている。たとえば井口泰泉は、ピルは製造目的上ホルモン様に働くように合成されているものであるから、意図せずに環境ホルモン物質となってしまったほかの製品と違って「別種の問題を抱えている」とし、ほかの環境ホルモン物質よりはるかに強力な「女性の体内を通過したピルのホルモン様物質は、すべて環境中に放出されることになる」と述べている（井口、一九九八、三六七頁）。

そして、一九九八年一一月三〇日に、「ピル（避妊薬）は人類欲望の浅知恵の化学薬品」であるとして、低用量ピルの認可に反対する立場からの意見が、中央薬事審議会会長へ出された（止めよう！　ダイオキシン関東ネットワーク「ピル製造・販売・使用禁止に関する緊急要望書」一九九八年一一月三〇日）。

「…人工経口ホルモン薬品『ピル』の服用による人体への副作用は少ないとはいえ、内分泌攪乱物質として恐れられているエストロゲンホルモンの服用による次世代への影響、並びに排尿による水汚染からの生態系への多大な影響の可能性は充分あります。…」（同書より）

この要望書には、もはや「ピルの使用の選択は個人レベルの問題では済まない」こと、そして「人工ホルモンの使用、排尿による環境汚染は、全ての生物の生殖に関係することをぜひ男女も考え、気づきが遅れた汚染の現状に対し、更に加速する暴力的行為は止めるべきです」と書かれている。

しかし、このような要望に対しては、女性の身体と生殖に関して、自律性や自己決定を要求する立場から、原ひろ子は、低用量ピルの認可を求めて、次のような反論を行っている。

「環境汚染の懸念があるからといって、『ピルは完全にダメ』としてしまうのも問題があります。…私は、環境問題を深く憂慮しつつも、女性の**避妊の選択肢**を可能な限り広げるべきだと思っています。同時に、ピルの副作用や環境汚染問題に関しても、広報体制が整えられて私たちが充分に知ることができることの重要性を感じています。幅広い選択肢の中から環境、次世代、自分自身の尊厳を大切にして、ひとりひとりの女性が責任をもって選び取りながら人生を送る社会を築きたいと願います」(原、一九九八)。

一九九九年三月三日の厚生省・中央薬事審議会常任部会において、低用量ピルに関する資料が発表された。資料によれば、ピルと内分泌撹乱化学物質との関係性については次のようにまとめられている。

「エストロゲンについては、天然・合成を問わず総合的に議論すべきものであり、また、内分泌撹乱物質の問題は一物質・一企業・一国からのアプローチでは解決が望めないものであることから、国内では各省横断的に、国際的にはWHO、OECD等の国際機関において内分泌撹乱物質を総体でとらえる視点から調査研究及び対策に取り組まれているところである。また、現時点では、米国及び欧州のピル使用国で環境への影響を理由にピルの使用を禁止した事例はない。しかしながら、今後、そのような総体的な取り組みが進展する中で、個別の問題についての新たな対応が必要となった場合には、適切かつすみやかに対応するという姿勢により臨むことが必要である」。

結局一九九八年度内は見送られたが、一九九九年六月に開かれた厚生省・中央薬事審議会常任部会において、低用量ピルはやっと認可された。低用量ピル認可に向けて状況が急転した背景には、一九九九年二月にオランダ、ハーグで開かれた**国連人口会議**において、日本からNGOの代表として参加した原ひろ子（女性と健康ネットワーク'99副代表)、小宮山洋子参議院議員らが、国連加盟国で日本だけが低用量ピルを認可していないことについて発言したことにある。各国の反応は一様に「信じられない」というものであり、しかも男性のインポテンスの治療薬としての名目でバイアグラが中央薬事審議委員会の審議を経て、六ヵ月という短期間に認可されたことが比較対象とされ、いっそうジェンダー・バイアスを各国に印象づける結果となった。ここにも、**ジェンダーの非対称性**をみることができる。男性には容認しつつも、女性の生殖の自律性と自己決定は認めず、すでにみてきたように、さまざまな理由で許可を遅らせてきたのだ。

また日本で認可されていないために、人口関連の国際援助の場面において要請に応えることができなかったという事実も明らかになり、日本で未認可であるということは、日本国内の女性だけの問題ではなく「世界中の女性の問題」につながっていることが認識された。

なにはともあれ、いかにも日本らしく「外圧」によって、低用量ピルは認可された。しかし前述したように、ピルをめぐっては同じ「**リプロダクティブ・ヘルス**」を主張する立場からの反対意見も根強いことを忘れてはならないだろう。ピルもまた、ほかの避妊手術、不妊手術と同様に、女性のからだを対象とした避妊方法であり、化学物質の服用による副作用はない、「絶対安全」といいきることもできない、〃危うさ〃をもっているからである。そしてなによりも服用によって、「まだ生まれぬ世代」に対して危険な生命環境となってしまう可能性を秘めている。男性用の避妊法の開発やセクシュアリティ・生殖・子育てにおける**男性の責任**、**「内なる自然」の破壊と世代間の公正**も視野に入れた議論が、今後さらに必要である。（萩原なつ子）

参考文献　井口泰泉「解説」、デボラ・キャドバリー、古草秀子訳『メス化する自然』集英社、一九九八年／原ひろ子「JJネットニュース」七二号、女性政策情報ネットワーク発行、一九九八年一二月四日

第6章　途上国への公害移転
――企業担当者の意識からみえてくるもの

平岡　義和

1――公害移転と正当化の論理

ダブル・スタンダードの利用としての公害移転

フィリピンのレイテ島に、フィリピン合同銅精錬所、通称パサール（PASAR）と呼ばれる工場がある（図1参照）。この工場が操業を始めた一九八三年以降、周辺の地域では、大気汚染や海の汚染によってさまざまな被害が生じるようになった。この企業には、日本企業が三割出資しており、精錬された銅の多くは日本に輸出されている。

こうした話を聞くと、「公害輸出」ないしは「公害移転」(1)という言葉を思い浮かべる人がいるかもしれない。近年、途上国においても深刻な公害、つまり工場などによる環境汚染が広がりつつあり、その原因の一端が、公害排出工程が先進国から途上国に移転する「公害輸出」にあるのは確かである。

では、なぜこのような公害の移転が生じるのだろうか。それは、経済学的には先進国と途上国の環境規制の格差、いわゆるダブル・スタンダード（二重基準）の利用によって説明される(2)。一般に、先進国に比べて、途上国では環境基準がゆるいか、機能していないことが多い。そのため、先進国の企業が

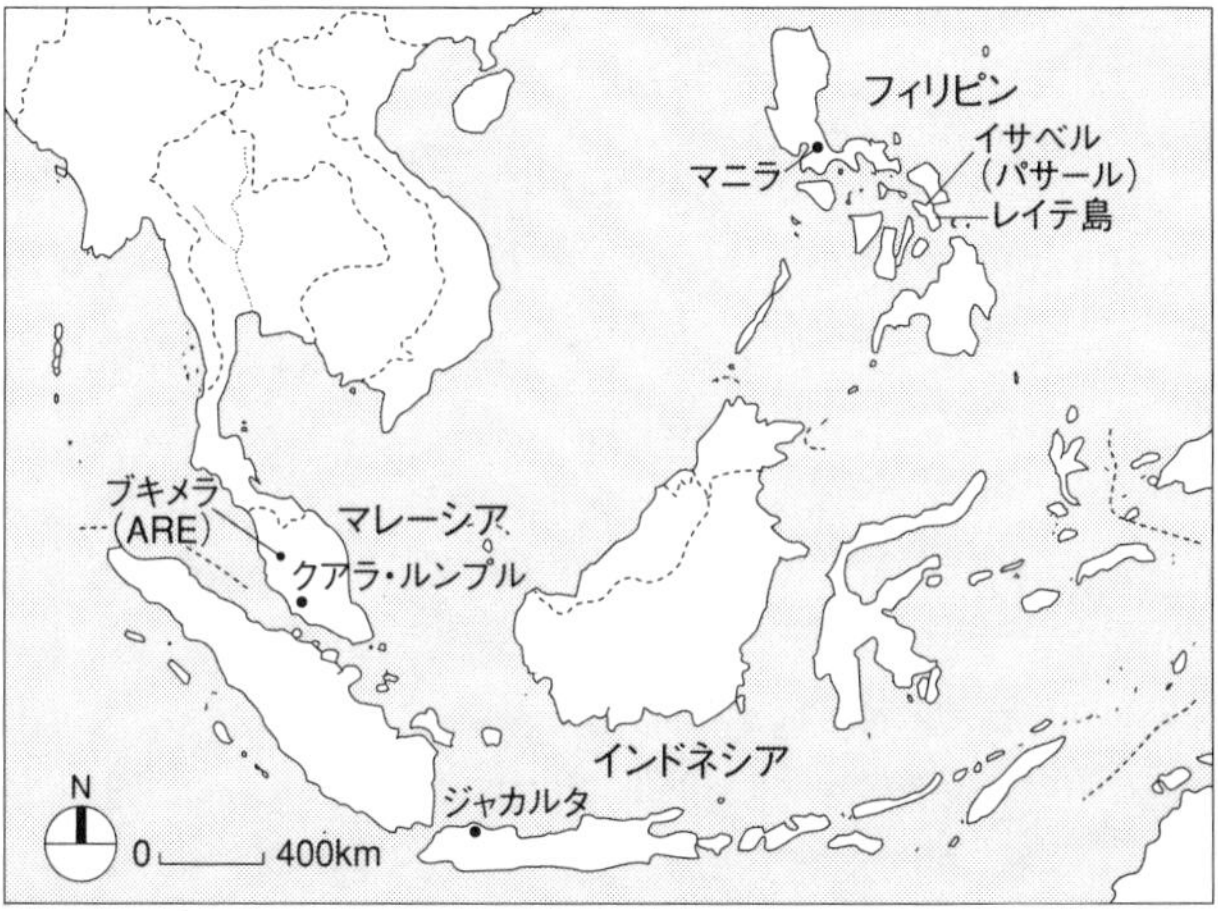

図1　パサールとＡＲＥの位置図
(出典) 日本弁護士連合会公害対策・環境保全委員会『日本の公害輸出と環境破壊』日本評論社、一九九一年をもとに作成。

途上国に進出した際、生産コストを抑えるために、先進国では必要とされる公害防止設備を設置しなかったり、その運転を行わなかったりするというわけである。

公害輸出を正当化する意識

現代の世界経済が、資本主義原理のもとで動いている以上、このようなマクロな経済メカニズムが働いているのは事実である。だが、先進国企業がこうした行動をとるのは、それだけが理由ではない。彼らも、生産工程の移転によって、途上国で環境汚染が生じ、何らかの被害が生じることは予期できるはずだ。にもかかわらず、そのような行動がなされる背後には、それを正当化する意識が働いている。では、それはどのような意識だろうか、またなぜそうした意識が機能するのだろうか。本章では、この問いに答えることにしよう。

この章の結論を先取りしていえば、次の通りである。一般に、公害輸出においては、先進国の企業が加害者で、途上国の人々が被害者である。また、生産された製品の便益を享受するのは、先進国の人々であることが多い。社会学でよく用いられる「受益―受苦」という用語(3)を使えば、先進国の人々が受益者で、途上国の人々が受苦者ということになる。したがって、公害の移転は、加害者と被害者あるいは受益者と受苦者が先進国の内部に併存していたのが、国境という壁を越えて、国際的に分離するという変化をもたらした。そうなると、加害側、受益側の人間には、被害側、受苦側の状況は、直接的には見えない。当然、加害—被害、受益—受苦の関係自体意識されにくい。つまり、問題が「見えない」ことによって、環境問題の発生にかかわる加害—被害、受益—受苦の不公正が存在していても、恩恵を被っている側の人間にその事実が意識されないのである。

さらに始末に悪いことには、一国の経済成長の過程ではやむをえないことだという論理によって、途上国で公害移転に伴う被害が生じていても、自らとは関係のない「よそごと」とみなす傾向が存在する。環境的な不公正が生じていても、その恩恵を受けている側には、自らが当事者だという意識が生まれにくいわけである。これが、公害の移転を正当化する意識のあり方である。

しかしながら、こうした意識は、先進国から途上国への公害移転に伴って新たに生じたわけではない。たとえば、次節で取り上げる熊本水俣病事件に際してもみられたものなのだ。そこで、熊本水俣病とパサールの事例を対比させつつ、公害移転を正当化してしまう意識のあり方について、明らかにしようと思う。

2—熊本水俣病事件にみる受益—受苦

水俣病による被害とは

まず、水俣病によって、患者やその家族がどのような被害を受けたのか、みていくことにしよう(4)。

熊本水俣病事件(5)は、熊本県水俣市に立地していた新日本窒素肥料（以下、チッソと略称）水俣工場のアセトアルデヒド工程において副生された有機水銀化合物が、廃水とともに海中に流出し、魚介類の体内において濃縮・蓄積され、それを食べた人々に健康被害をもたらしたものである。被害を受けたのは、主として水俣市および周辺市町村に住む零細漁民とその家族であった。

水俣病による被害の第一は、もちろん健康破壊である。水俣病は、有機水銀化合物によって脳細胞の一部が破壊され発症するので、その摂取量に応じて、視野狭窄、知覚（感覚）障害、運動失調、言語障害など、多様な症状を示す。初期の患者は、一時に大量の有機水銀化合物を摂取したために、症状が急激に現れ、死に至った人も多い。しかし、患者のほとんどは、上述したような症状の一部のみが発現しており、人によっては、外見上健常者と変わりがないようにみえた。そのため、補償金目当てに水俣病を装っている「偽患者」ではないかと疑われた人もいる。

こうした健康被害は、さまざまな生活上の問題を生み出した。身体の不具合によって、仕事に困難をきたした人も多い。漁民の場合、水俣病による指先の感覚麻痺で、魚のあたりの感覚が失われたり、運動失調によって、舟に乗るのが困難になって、漁を断念した人もいる。そうなれば、収入の低下は必至だ。魚が売れなくなって、転職を迫られた人も多い。また、女性の場合は、感覚障害、運動失調などによって、家事がうまくこなせなくなり、家庭内に不和を生じた人もいる。さらに、治療のため医療費がかさみ、家計が圧迫された。このように、健康被害は、さまざまな派生的影響を本人や家族にもたらしたのである。

だが、患者や家族を苦しめたのは、健康被害やそれから派生する生活上の困難だけではない。周囲からの差別(6)が、苦しみを倍加させた。

患者に対する差別

水俣病は、初期の患者の症状が激烈で、伝染病との疑いがもたれたこともあって、「奇病」として恐怖のまなざしで見られた。そのため、患者や家族は差別の対象とされた。集落の井戸から水を汲ませてもらえない、リヤカーなどを貸してもらえず、病院で死んだわが子をおぶって帰った等々、悲惨な話も多い。また、漁民にとって魚が売れないことは死活問題である。そこで、魚が安全であることを示すために、患者の存在を隠そうとする圧力が、周囲から加わった。たとえば、患者を入院させたところ、村人が家族に無断で無理矢理退院させてしまったという出来事まで起きたのである。

さらに、水俣は、チッソの企業城下町といわれたように、チッソやその子会社に勤務する家族がいる世帯が多く、商店などもその購買需要に依存していた。つまり、水俣では、多くの人々はチッソから何らかの恩恵を受けている受益者で、漁民を中心とした水俣病の患者とその家族は、圧倒的な少数者であった。そして、同じ集落に住む人々を除いて、被害者と受益者との間にほとんどつきあいはなく、受益者から、患者たちの惨状は見えなかった。それゆえ、チッソと漁民との紛争が激化し、工場の排水停止、すなわち操業停止が問題になった一九五九年秋には、チッソの経営悪化を危惧した水俣市の諸団体が、操業を停止させないように、熊本県に陳情したのであった。こうした状況下では、自らや家族が水俣病ではないかと考えていた人々も、周囲の圧力や差別を恐れて沈黙を強いられ、長い間患者としての認定申請を行うことはなかった。

ところが、新潟で第二の水俣病が発見され、新潟の患者たちが加害企業である昭和電工に対して訴訟を提起したことに触発され、熊本でも、一九六九年、患者たちが裁判闘争を開始した。また、認定を申請する患者も増加した。一九七三年、裁判は患者側の勝訴で決着し、患者たちは、チッソと自主交渉を開始し、新たな補償協定を結んだ。その結果、認定患者が激増したこともあって、チッソが支払う補償金は莫大な金額になり、倒産、水俣からの撤退が、市民の間でもささやかれるようになった。こうした状況は、水俣市民の不安をかき立て、患者たちに対する差別意識が再び活性化した。それを端的に示す事例を紹介しよう(7)。

差別意識の構造

一九七五年、水俣高校定時制の女子生徒が、熊本県の定時制高校の文化大会で水俣病という名称に関して発表を行った。その際、水俣病が騒がれてからでも、やむをえなかったのかもしれないが自分から魚を食べて発病した人がいる。そうした人が、騒ぎを起こし、補償金をもらい楽をしているのを見て、うらやましく思う、といった内容の発言がなされたのである。定時制高校に通い、苦労している生徒が、ねたみもあって、多額の補償金を手に入れた患者に対し、差別意識を向ける。それは、チッソの経営が苦しくなって、みんなが大変なのに、患者だけがいい目をみている、といった意識であった。

この発表は、差別的だとして大会の記録集には掲載されなかったが、水俣高校では、それを定時制の卒業記念誌の冒頭に収めて配布した。抗議した患者に対応した教頭は、次のような趣旨の発言をしたという。患者たちは自分のことしか考えていない。戦時中の悲惨さを考えると、水俣病は大した問題ではない、そんなことは世の中にいっぱいあると。

こうした発言をした生徒や教頭には、患者やその家族の悲惨さが見えていない。加害源であるチッソの工場と被害者との間には、目に見えない有機水銀化合物という化学物質を媒介にした多段階的な連鎖が存在している。さらに、同じ水俣に住んでいるといっても、チッソによって恩恵を受けてきた人々と、被害者たちとの間にほとんどつきあいはない。被害者たちは見えない存在だったのだ。となれば、チッソから恩恵を受けてきたという自らの受益と、水俣病という受苦との関係は意識されていなかったと思われる。

ところが、補償金の問題でチッソの経営が悪化し、自らの生活にその余波が及んでくると、ねたみを伴った差別感情が顕在化してきた。そこには、一部の人々の利己的な行動で、本人をも含む多くの人々の生活が危うくされるのはけしからんという意識がうかがえる。これまで、患者たちの犠牲のもとで、自分たちが恩恵を受けてきたという認識は欠落しているのである。

彼らがもっていた意識を敷衍すれば、次のようにいうことができるだろう。社会全体のことを考えれば、ある程度の犠牲が生じるのはやむをえない。被害を受ける人のことを配慮しようとすると、全体がうまくいかなくなってしまう。だから、全体のことを考えて我慢すべきだ。これはまさしく経済成長の論理であり、高度経済成長の時代には、多くの日本人に共有されていた可能性がある。そのことは、一九六八年に制定された公害対策基本法に盛り込まれた、いわゆる経済との調和条項に反映されていた。それは、「生活環境については、経済の健全な発展との調和がはかられるようにするものとする」という文言であった。この条項は七〇年の改正で削除されたが、そうした意識が消えたわけではなかった。そのことは、次に述べるパサールの事例で明らかである。

3―フィリピン・パサールの事例にみる受益―受苦

パサールによる被害

パサールと呼ばれる銅の精錬所は、大岡昇平の『レイテ戦記』で有名なレイテ島の北東部、イサベルという町に建設され、操業が始まった一九八三年段階では、精錬された銅の約七割が日本に輸出されていた。その一方で、操業開始とともに、周辺地域においてさまざまな被害が生じることになった(8)。

まず、大気汚染による健康被害と植物に対する影響である。この精錬所には、日本の同種の工場では必ず設置されている排煙脱硫装置がつけられていない。というのは、フィリピンの硫黄酸化物に関する排出基準は、日本の三倍ゆるやかなために、この装置を設置しなくとも、基準を満たすことができたからである。

次に、大量の排水が海に流されることによって、漁業に大きな影響が出た。この地域の海は魚が豊富で、工場ができる前は、針と糸だけでおもしろいように魚が釣れた。しかも、岸の近くで漁が可能なため、ほとんどの人は手こぎの舟で魚を釣っていた。ところが、工場が操業を始めると、とたんに沿岸では魚が釣れなくなった。そのため、沖合に出て漁をしなければならなくなった。しかし、小さな手こぎの舟では、少々波が荒いと漁に出られず、漁獲量も減ったというのである。結果として、エンジン付きの舟を買うだけの金銭的余裕のない零細な漁民たちは、生活困難に見舞われることになった。こうした被害に対して、工場側は、フィリピンの環境基準は満たしており、問題はないとして、一切補償を行っていない。

写真1　パサール全景（フィリピン・レイテ島イサベル、一九九九年八月二五日撮影）
海から工場を望む。

写真2　巨大な廃棄物の山と手こぎボートの漁師（同上、一九九八年八月二三日撮影）
通称ホワイトマウンテンと呼ばれる石膏の山。

受益と受苦の構図　このような被害が生じているイサベルの町では、一時期パサールに対する抗議運動が盛り上がったものの、現在では沈静化している(9)。それは、巨大企業が立地したことによる受益が、非常に大きいからである。建設前から住んでいた住民の場合、農漁業を営んでいたために、正社員として雇われるだけの学歴はもっていないが、臨時職員として雇われた人は多い。そのため、雇用された人がいる世帯では、金銭収入が大幅に増加した。また、職を求めて大量の人々が流入するとともに、工場の従業員目当ての商店がいくつもつくられた。さらに、工場からの巨額の税金によって、町の諸施設、道路などは立派に整備された。このように、地元では、喘息などの病気を患っている家族のいる世帯や、工場に雇われず細々と漁業を続けざるをえない世帯などを除いて、工場による受益を享受しているのである。このことが、工場に対する抗議活動を起きにくくさせているわけである。

このパサールにおける受益と受苦の構図を整理してみよう。工場の操業がもたらす環境破壊によって、健康被害や漁業被害を受けている人々、これが受苦者である。その一方で、パサールは利益を上げており、多くの周辺住民も工場の操業に伴う便益を享受している。そして、工場で精錬された銅を輸入し、利用している私たち日本国民も、その便益を享受している。周辺地域に限られる少数の受苦者、それに対して、企業とその関係者、周辺の住民、日本国民と、多数の受益者が存在していることになる。そして、空間的に離れた日本人には、その便益の裏側に環境破壊による被害を受けている人々がいることは見えていない。これが、パサールの問題における受益—受苦の構図である。国境という壁を越えている点は異なるとはいえ、熊本水俣病事件における受益—受苦の構図と相似形だといえよう。

4—日本の商社社員の言説にみる正当化の論理

商社担当者の言説

環境破壊による被害を受けている周辺住民の受苦と、精錬された銅による便益を享受している日本国民の受益とを媒介しているのが、日本の商社三社である(10)。三社は資本金の約三割を出資しているが、それは事実上融資に近い。というのは、出資によって取得したのは、優先的に配当を受けられる代わりに、議決権がない優先株と呼ばれるものだったからである。こうしたかたちの出資に踏み切ったのは、見返りとして精錬された銅の販売代理権の大半を手に入れることができたからである。結果として、銅の販売による利潤が得られるわけで、三社も受益者であるといえよう。しかし、経営に参加していない以上、直接的な加害者とはいいにくい。ただ、先述したように、排煙脱硫装置のついていないプラントを販売したのは、商社のうちの一社である。フィリピンの環境基準は満たしているとはいえ、日本の経験からすれば、このプラントが被害をもたらすことは予測できたはずであり、その点では明らかに加害者である。

さて、パサールの問題について、名古屋にあるフィリピン関係のNGOが、操業当初から関心をもち、現地のキリスト教教会関係者を通じて反対運動を支援していた。このNGOが、問題解決のために、一九九〇年商社三社の担当者と話し合いをもった。筆者もそれに同道した。その時にかわされたやりとりを紹介しよう。ただ、録音したわけではなく、簡単なメモを取ったにすぎないので、正確な再現ではないことをお断りしておきたい(11)。

Q1 「現地では、硫黄酸化物によると思われる健康被害などが発生している。簡易測定によれば、日本の環境基準は越えており、問題ではないか」

A1 (試験運転の結果を見せつつ)「試験運転の際の測定では、日本の基準はともかく、フィリピンの環境基準は満たしており、問題はないと、フィリピン政府によって認められている」

Q2 「日本の環境基準に準拠した設計をすべきではなかったのか」

A2 「パサール側の提示した基準にしたがって設計しただけである。もし、排煙脱硫装置をつければ、プラントの価格が高くなり、入札において、フィリピンの基準に従って設計した他社に負けていたはずである。そうなれば、結局現在と同じ状況が発生することになったはずだ。どのような排出基準を設定するかは、基本的にパサール側の問題である」

Q3 「しかし、現実に、地域では、健康被害や漁業被害に苦しんでいる人たちがいる。何か対策をとる責任があるのではないか」

A3 「パサール側には、対策をとるように申し入れているが、被害は生じていないとの回答しか返ってこないのが実状だ。われわれは、パサールの建設を通して、フィリピンの発展に貢献している。その発展の結果起きている問題についてまで、われわれが責任をとらねばならないのか。実は、われわれの側もほとんど利益を得ていない。優先株を持っている以上、本来優先的に配当が受けられるはずだが、パサールが赤字続きで、まったく受け取っていない。また、プラント代金の返済をわれわれが肩代わりしているが、その支払いも滞っている」

商社側の言説にみられる正当化の論理

以上、商社の担当者とNGOの人々とのやりとりを紹介したが、商社側の人々の言説には次のような特徴が見出せる。

まず指摘できるのは、一国の経済を発展させるためには、環境問題などで少々の犠牲が出るのはやむをえないという意識が存在していることである（A3）。こうした意識は、おそらく日本の経験に裏打ちされている。日本でも、高度経済成長の時代に深刻な公害問題が発生したが、現在では経済大国になるとともに、表面的にはそうした問題はなくなったかのようにみえる。この「事実」が、経済成長のためには、一時的な被害が生じるのは仕方がないという意識を正当化しているように思われる。社会のために一部の犠牲はやむをえないし、堪え忍ぶべきだという意識は、まさに先述した教頭の発言と同じような論理構造をもっているのである。

もちろん、実際問題として、「経済成長の過程で、一部の人々に何らかの被害が生じる」という事態が起きることはある。問題は、加害側ないしは受益側に立つ者が、それをやむをえない「事実」とみなし、自らの責任回避の論理として用いている点にある。加害の責任は「経済成長」にあるということで、自らがそれに関与しているという「事実」から目をそらすのを可能にしているのである。

なお、商社側にもほとんど利益が出ていないという理由づけで、この論理を補強しようとしているが(A3)、それはパサールの経営上の問題にすぎない。環境汚染の結果として、利益が損なわれているわけではないのである。

第二に、大気汚染による被害が、排煙脱硫装置の設置されていないプラントによって生じている点について、二つの正当化の論理が使われている。ひとつは、フィリピンの環境基準を満たしているのだから、責任は不十分な基準を設定したフィリピン政府にあるという論理である(A1・2)。もう一つは、プラントの輸出は、パサール側の要求に従っただけであり、正当な企業間取引にすぎないという論理である(A2)。だが、こうした論理は、いわゆる死の商人の論理、すなわち、相手国では認められているのだから、その要求に従ってどのような武器を輸出してもかまわないという論理と紙一重である。だが、彼らにはそうした認識はない。というのは、プラント輸出がフィリピンの経済発展に寄与しているという自負と、経済発展という正当な目的のためには少々の犠牲はやむをえないという論理が、自らの取引のいかがわしさを認識するのを妨げているからである。

さらに、日本よりゆるやかなフィリピンの環境基準を満たせばよいという認識（A1）の背後には、先進国である日本ではともかく、発展途上国のフィリピンでは、基準がゆるくともやむをえないとの意識が潜んでいるように思われる。そこには、経済という尺度によって、フィリピンという国家ないしはフィリピンの人々を下にみる意識が存在している。

以上のような意識が組み合わされて、意図的ではないにせよ、全体として次のような正当化の論理が形づくられている。フィリピンは、経済的に日本より遅れており、その国が経済成長を遂げるためには、少々の犠牲はやむをえない。また、経済成長のために、ゆるやかな環境基準を設定し、それに基づいて、環境汚染を引き起こすようなプラントを輸入するのは、フィリピン側の問題だ。したがって、それに応じて、プラントを輸出したり、融資をしたりする側には、責任はないと。

この論理によって、自分自身あるいは自分の属する組織の行動に罪責感を抱くことはなくなる。問題の原因は、経済成長やそれを望むフィリピン側、つまり自らの外部に帰属するのだから。

このような正当化の論理は、水俣病問題において見出された論理構造とまったく同型である。その意味で、商社の担当者たちは特殊な人々ではない。同じような状況に立たされた者ならば、誰でも同様の論理を行使してしまう可能性が高いと思われる(12)。ただし、パサールの事例の場合、環境汚染に苦しむ現地の被害者の姿が見えない度合が高い分だけ、やましさはさらに薄らいでいるように思われる。こうした傾向は、次に述べるような公害の国際的な移転が進み、加害—被害、受益—受苦の間接性が高まるにつれて、強くなっていくように思われる。

5―公害移転の新たな展開

途上国の受益者化

近年、公害移転はさらなる展開を見せつつある。その全体像を把握するのはむずかしいが、いくつかの事例からそれを推測することはできる(13)。まず、パサールの銅の輸出先の変遷が指し示す変化である。操業当初、パサールの銅の約七割は日本に輸出されていた。ところが、九〇年代になると、輸出先は多様化し、七割が中国、韓国、台湾などに輸出されるようになった。この事実が示唆するのは、従来の途上国の一部が受益側に回ったということである。

さらに、こうした途上国のなかには、公害移転の加害者側になっているところも存在する。というのは、経済の急成長とともに、八〇年代後半以降、韓国、台湾といったＮＩＥＳ地域の企業が、ＡＳＥＡＮ諸国や中国に対する投資を急増させたからである。そうした企業のなかには、国内の環境規制の強化を逃れて、ＡＳＥＡＮ諸国に移転しようとするものもある。たとえば、従来台湾では、日本から輸出された廃電話機などから金属類を回収する工場が稼働していた。ところが、その工程でダイオキシンなどの汚染物質が大量に発生している事実が明らかになり、操業が禁止されることになった。そこで、インドネシアなどに移転するというのである(14)。この事例は、途上国間でも、加害―被害関係が生じるようになったことを示している。

先進国の関与の間接化

さらに、途上国が加害側ないしは受益側に回りはじめるとともに、先進国企業の関与の間接化も進みつつあるように思われる。この点について、稀土金属にかかわる事例を紹介しよう(15)。稀土金属は、テレビのブラウン管などに使われる金属類で、当初は日本国内で生産されていた。しかし、放射性物質に対する規制強化とともに、一九七二年頃には、国内での生産は中止された。そこで、日本で生産を行っていた企業の一つは、マレーシアのブキメラ村に子会社ARE（エイシアン・レア・アース）を設立し、八二年から生産を開始した。ところが、放射性廃棄物の投棄、それによると思われる健康被害の発生に伴い、周辺住民による反対運動が起こり、最終的には工場の閉鎖に追い込まれた。その後、稀土金属は中国から輸入されることになった。これを報じた新聞記事(16)では、放射能汚染の問題については触れられていないが、必ずしも環境対策が進んでいるとはいえない中国の状況を考えると、汚染が生じている危険性は高い。この事例からみると、稀土金属の生産地、そしてそれに伴う放射能汚染の問題が、日本からマレーシア、さらに中国へと移るとともに、日本企業の関与は間接化しているわけである。

おわりに

これまでの議論をまとめよう。一般に、経済発展が遅れている途上国の方が、先進国に比べて環境規制がゆるいことが多い。そこで、資本主義原理のもとでは、企業は、公害対策費用を含む生産コストを節約するために、環境規制の国家間格差、つまりダブル・スタンダードを利用する動機を有する。そのために、先進国から途上国へと公害が拡散していくことになる。だが、こうした公害移転に対する先進国企業の関与は、間接化、希薄化している。また、経済発展とともに途上国の側にも分化がみられ、一部の途上国は、汚染排出工程を国外に移転させ、加害側、受益側に回りつつある。

このように、環境汚染をめぐる加害者ないし受益者と被害者とが一国内で共存しているような国家が減少し、それが国境を越えて分離するような状況が増えつつある。つまり、国境という壁によって、加害者ないし受益者側から被害者が見えにくい状況が進行しているわけである。被害が不可視であれば、加害者ないし受益者は、被害の深刻さを意識しないですむ。となれば、あまり罪悪感をもたずに、経済成長のためには少々の犠牲はやむをえないという正当化の意識を抱きやすい。こうした事態が、さらに移転を促進する契機となる可能性がある。したがって、より経済の発展が進んでいない地域へと玉突き的に公害が移転していく動きは、これからも止まらない可能性が高いといえよう。

注

(1) 寺西俊一『地球環境問題の政治経済学』東洋経済新報社、一九九二年、六六―七〇頁。

(2) 寺西、前掲書、八七―一〇〇頁。ただし、公害移転の態様、そのメカニズムは、単純ではなく、時代とともに大きな変化を見せている。くわしくは、平岡義和「環境問題拡散の社会的メカニズム」飯島伸子編『講座環境社会学第五巻　アジアと世界』有斐閣、二〇〇一年、を参照。

(3) 梶田孝道『テクノクラシーと社会運動』東京大学出版会、一九八八年、八―九頁。

(4) 水俣病に限ってはいないが、環境汚染による健康被害を始発とした生活破壊の構造については、飯島伸子「環境問題と被害のメカニズム」飯島伸子編『環境社会学』有斐閣、一九九三年、八六―九三頁、参照。

(5) 熊本水俣病事件の詳細については、宮澤信雄『水俣病事件四十年』葦書房、一九九七年、を参照。

(6) 熊本水俣病事件における差別の実態については、色川大吉編『新編水俣の啓示』筑摩書房、一九九五年、および、原田正純『水俣が映す世界』日本評論社、一九八九年、第I章、にくわしい。新潟における差別のメカニズムについては、関礼子「新潟水俣病における地域の社会的被害」『年報社会学論集』第七号、一九九四年、および渡辺伸一「水俣病発生地域における差別と抑圧の論理」『環境社会学研究』第四号、一九九八年、が詳細な分析を加えている。なお、飯島伸子・舩橋晴俊編『新潟水俣病問題——加害と被害の社会学』東信堂、一九九九年、も参照。

（7）石田雄「水俣における差別と抑圧の構造」色川編、前掲書、六三—六七頁。

（8）この部分は、基本的に、平岡義和「公害被害の階層構造」『公害研究』第二一巻第三号、一九九二年、に依拠している。

（9）この項については、平岡義和「アジアの環境問題と運動の国際的連携」『国民生活研究』第三四巻第三号、一九九四年、を参照。

（10）以下のエピソードは、平岡義和「開発途上国の環境問題」飯島編、前掲書、一八一頁のコラムで簡単に紹介したことがある。

（11）以下のQは、NGO側の質問、Aは、商社側の回答を示している。

（12）チッソ水俣工場の幹部たち（平岡義和「企業犯罪とその制御—熊本水俣病事件を事例にして」宝月誠編『逸脱』講座社会学第一〇巻、東京大学出版会、一九九九年）、またユダヤ人虐殺に関与したアイヒマン（H・アーレント、大久保和郎訳『イェルサレムのアイヒマン』みすず書房、一九六九年、R・ブローマン、E・シヴァン、高橋哲哉ほか訳『不服従を讃えて』産業図書、二〇〇〇年）にも、同様の意識構造がみられるように思われる。

（13）本節は、平岡義和「環境問題のコンテクストとしての世界システム」『環境社会学研究』第二号、一九九六年、一〇—一二頁で行った考察に基づいている。

（14）NHK取材班『地球は救えるか（二）』日本放送出版協会、一九九〇年、一七〇—一七七頁、参照。

（15）平岡、前掲論文（注9）、参照。また、AREによる住民の被害については、日本弁護士連合会公害対策・環境保全委員会編『日本の公害輸出と環境破壊』日本評論社、一九九一年、四八—六〇頁、がくわしい。

(16) 『朝日新聞』一九九〇年七月一二日付朝刊。

付記 『海外鉱業情報』二〇〇一年五月号によれば、フィリピン政府が保有していたパサールの株式が民間企業に売却され、同社は完全に民営化された。それに伴い、銅の生産能力を年一五万トンから二四万トンへと引き上げる計画が立てられているという。もし、この計画が実現すれば、周辺の被害はより深刻になると思われる。

廃棄物の越境移動（156頁）

一九九九年の暮れ、日本からフィリピンに向けて**医療廃棄物が不正に輸出**された事件が発覚した（『朝日新聞』一九九九年一二月四日付夕刊）。廃棄物は、再生用の古紙原料と偽って輸出された。その背後には、日本では仕分けに必要な人件費が高いために、プラスチックなどが混じっていて紙として再生できないような「廃棄物」が、フィリピンではコスト的に十分紙の「原料」になりうるという、両国の**経済格差**が存在している。この再生原料のなかに、日本国内では処理に厳しい規制がかけられている医療廃棄物が混入させられたのである。この点では、第6章で紹介した廃電話機の処理が、日本から台湾、そしてインドネシアなど東南アジア諸国に移転していったという出来事とまったく同型の構図が見てとれる。

さて、日本では「廃棄物」として扱われている以上、フィリピン側の輸入業者（実は日本人なのだ）も、そのなかに危険物、処理困難物が混入しているかもしれないと考えたはずである。しかし、彼は、商売になる古紙原料以外の混入物には関心がなかった。そのため、フィリピンの人々にどのような危険をもたらすかといった、自らの取引の範囲を越えた問題には目を向けようとしなかったのである。

さらに着目すべきは、医療廃棄物の処理を外部に委託した病院側の意識である。この事件で、輸出を行った日本側の産業廃棄物処理業者には、明らかに医療廃棄物を不正に輸出する意図があった、すなわち自らの行為が法律に違反するという認識はあったと推測される。だが、この廃棄物を排出した病院側には、おそらく法律を犯しているという意識は希薄だったと思われる。経済的にみれば、廃棄物の処理をできるだけ安く業者に委託するのは、当然の判断である。

しかし、厳格な処理規定が設けられている医療廃棄物の処理費用が高くつくことは自明の事実である。したがって、安価に引き受けた業者が、病院側に手渡す廃棄物管理票（マニフェスト）には適正に処理した旨の記載をするにしても、実際には費用を抑えるために不正な処理を行わざるをえないことは、病院側も気づいていたはずだ。しかし、それは自分たちの手を離れた後のこと、どのように処理されようが自分たちの責任ではない、そうした**正当化の論理**が働いているように思われる。ここにも、第6章で言及した先進国企業の関与の間接化と同型の構図が見られる。

フィリピン側の輸入業者も、廃棄物を出した病院側も、正当な商取引を行ったにすぎないと考えているだろう。だが、廃棄物が彼らの手を離れた後にどのように処理されるか、どのような問題を引き起こすか、という問題は直接見えないし、その責任を問われることもほとんどない。それゆえ、彼らはその問題に対して関心を払わずに済んでしまう。市場原理に則って医療廃棄物や産業廃棄物などの処理が委託される日本の廃棄物処理制度のもとでは、**廃棄物の越境移動**が繰り返される可能性は高い。

その兆候を示すデータがすでに存在する。鉛廃棄物（多くは廃鉛蓄電池）に関して、一九九六〜九八年の三年間において、有害廃棄物の輸出入を規制する法律に従い、環境庁・通産省が移動書類を交付したのは、インドネシア向けの九六〇トンにすぎない。ところが、貿易統計によれば、韓国を筆頭にインド、マレーシアなど、三年間で実に四万五〇〇〇トンあまりが輸出されているのである。そして、これらの国々では、廃棄物から鉛を回収する産業による環境汚染が報告されているという。

こうした事態に対して、有害廃棄物の越境移動を規制する**バーゼル条約**の改正案では、リサイクル目的であっても、先進国などからの**廃棄物の輸出を禁止**することが求められている。しかしながら、排出者が安価に廃棄物処理を委託する実態が変わらない限り、越境移動を防止するのは困難であろう。市場経済のもとでは、前述した正当化の論理は容易に作動する。越境移動をなくすためには、排出者の倫理に依存するのではなく、その**法的な処理責任**を強化し、日本国内において厳格な**処理システム**を確立することが求められているのである。

（平岡義和）

参考資料　『TBS報道特集』一九九九年一二月二六日放映／『NHKクローズアップ現代』二〇〇〇年一月二〇日放映／日本環境会議「アジア環境白書」編集委員会編『アジア環境白書二〇〇〇／〇一』東洋経済新報社、二〇〇〇年

第7章　地元住民からみた「森林破壊」
――インドネシアの産業造林

横田　康裕

1――大森林火災の原因は何か

インドネシアでは、一九九七―九八年にかけて大規模な森林火災が発生した。日本でも頻繁に報道されたのでご存じの方も多いであろう。正確なところは不明だが、この時の火災面積は、森林部分だけで約330万ヘクタール（九州の面積の約8割）にのぼり、農耕地や泥炭地等の森林以外への延焼面積も加えると約970万ヘクタールともいわれている(1)。この火災から生じた煙は、東南アジアの空を広範囲に覆った（ヨーロッパより広い面積と推計されている）。煙による疾病や視界不良による航空機・艦船の事故等で多数の犠牲者が出た。そして、火災による環境破壊が原因で、観光客の減少や航空便のキャンセル、労働者の欠勤、医療費の増大、農作物の不作が相次ぎ、この地域の経済は数百億円の損害を被ったとされている(2)。

この大火災の原因はさまざまであり、単純ではない。しかし一番の原因は、大企業によるプランテーション開発のための火入れといわれている（写真1）。つまり、大企業が森林や草地を切り開く際に火

写真1　産業造林の整地作業（インドネシア・スマトラ島南部、一九九三年一二月撮影）
森林を伐採した後に火入れをしているところ。

図　M社の事業地

入れを行い、その火が延焼して大火災になったとされている。延焼の過程では、エルニーニョ現象により森林等が非常に乾燥していたことも影響している。

ところで、この森林等に火入れを行う目的として、油ヤシなどのプランテーション開発のほかに、森林の造成が含まれているといったら驚くだろうか。もっとも、その目的は単に緑化することではなくパルプ等の原料確保にあり、畑で木を栽培することをイメージしていただけばよい。こうした活動は「産業造林」と呼ばれ、少数の樹種を大規模にしかも一斉に植林するため、事業地の自然環境や地域社会にも大きな影響を与えている。

この章では、インドネシアにおける産業造林がどのような必要性から進められ、その結果地元住民がどのような問題に直面しているかについて述べる。そして、そこに、社会的強者（政府・企業）から社会的弱者（地元住民）へと犠牲が押しつけられる構図があることを確認する。

2―産業造林：事業実施側の論理

まず、産業造林がどのようなものか簡単に説明したい。

産業造林の概略　(1) 造林の分類

産業造林とは造林活動(3)の一種であり、苗木を植える（植林）などして人工的に森林を造成し、最終的には産業用材を供給するために伐採することを目的としている。通常は、整地した場所に成長の速い樹種（早生樹）を植林する。少数の樹種を、大規模に、しかも一斉に造林する手法に特徴がある。一般の人には「植林＝緑を増やす活動」というイメージがあると思うが、実際のところは、そういった荒れ地に緑を取り戻すことが主目的の造林（緑化）よりも、紙や住宅の材料である木質原料を生産することが主目的の造林（産業造林）が多い。

(2) 産業造林に対する世界的な要請

木材需要は、近年その増加率は低下しているものの量自体は依然増大している。一方、有用な森林資源は減少を続け、さらに自然保護などの環境意識も高まっていることから、木材生産に利用できる森林はますます少なくなっている。こうした需給バランスの問題から、木材利用効率を改善したり森林を手入れすることで木材増産を図るとともに、積極的に木材資源を造成する産業造林は避けられないものとなっている。人工林は天然林よりも生産性が高いため、産業造林を実施している国のなかには、人工林から大半の産業用材を確保している例もある。たとえばニュージーランドでは、全森林面積の16・1％にすぎない人工林から93％もの産業用材を生産している(4)。

インドネシアにおける産業造林

次に、インドネシアの産業造林（HTI：Hutan Tanaman Industri）について整理する。

インドネシアでは、商業伐採や農園開発、その他の土地用途への転用等により利用しやすい森林は減少を続けてきた。しかし政府は、木材産業を「脱石油依存」を図る重要な輸出部門と位置づけ、その育成強化に努めてきた(5)。そのなかで、産業用材の確保は重要な課題となり、一九八四年に産業造林が始まる。その後一九八九年に大規模化し、一九九〇年には法令の整備を行い、国家事業と位置づけられるようになった。林業省によれば、これまでに約800万ヘクタール（北海道とほぼ同じ面積）の人工林が計画されており、すでに約160万ヘクタール（四国とほぼ同じ面積）の造林を終えている(6)（写真2）。

写真2　産業造林により造成された人工林（インドネシア・スマトラ島南部M社事業地、一九九四年六月撮影）
アカシア・マンギュウムの人工林。道路は広く、防火帯の役目ももつ。

インドネシアの産業造林は、政府から「産業造林事業権」（HPHTI：Hak Pengusahaan Hutan Tanaman Industri）を取得した事業体（補助金の関係で事業体は官民の合弁会社であることが多い）により行われている。事業対象地は、「普通生産林」(7)のうち、草地・灌木地(8)などの木が少ない林（蓄積の低い林）である。「普通生産林」とは木材生産エリアに分類された森林である。しかし、なかには有用木が少なくその役目を果たしていない場所もあり、産業造林はそうした林地を有効活用することを目的としている(9)。

アカシア・マンギュウムやユーカリなどの成長の速い木、またはマホガニー等の市場価値の高い樹種を植え、パルプ原料や合板・家具等の材料として使う。最大で30万ヘクタール（東京都の面積の約1・4倍）におよぶ事業権が与えられる。最短7年で植林から伐採まで行い、その後も植林―伐採を繰り返して事業地を循環利用していく(10)。効率よく植林を行うために整地作業を行っており、草地・灌木地を伐り開くことも認められている。この際に火入れすることは法律で禁止されているが、整地コストの低減や植林木の成長促進、病虫害の予防のために

写真3　産業造林連結型移住事業の村（同、一九九四年七月撮影）
家庭菜園を持つ白い家が並んでいる。家庭菜園では自給用の野菜を植えることが多いが、換金作物を植える家族もある。

火入れを行う企業も少なくなく、これが今回の大火災の一因となってしまった。

スマトラ島南部での事例　インドネシアにおける産業造林の例として、スマトラ島南部のM社の事業地を紹介する(11)。

M社はスマトラ島南部で30万ヘクタールの事業権を得ており、一九九〇年から事業を開始し一九九三年度までに約13万7000ヘクタールの造林を終えている。一九九三年時点でインドネシア全体の産業造林実績の一割強を担っていた有力事業体の一つである。また産業造林により生産された木材を使用するパルプ工場等を別会社として建設中である。工場は年産45万トンの生産能力があり、パルプの輸出により外貨獲得に大いに貢献することになっている。余談であるが、この工場建設には、日本からも海外経済協力基金（OECF）（当時、現在は国際協力銀行（JBIC））や製紙会社、商社、銀行が融資・技術援助を行っている(12)。M社は官民の合弁企業として、このパルプ工場への原料供給、低利用地の有効活用、就労機会の提供による地域社会への貢献を目的として設立された。

また、M社の事業地では、産業造林での労働者を確保するために、産業造林連結型移住事業（Trans-HTI：Transmigrasi HTI）が実施されている。この事業は、移住省が行っている移住事業（Transmigrasi）(13)と産業造林とを組み合わせたもので(14)、参加者には産業造林での雇用が保証される。そのほかにも、住居や井戸、小規模な家庭菜園用地（0・25ヘクタール）、ゴム園（1ヘクタール）が与えられ、1年間の食糧等生活必需品が支給される（写真3）。事業参加者は、ジャワからの移住者と地元からの移住者からなる。M社の事業地全体で合計1万5000世帯の入植が予定されており、一九九三年時点で約4500世帯が移住した。移住村の建設に伴う諸費用の多くは政府が負担し、M社は入植者と雇用関係を結び、ゴム園の造成費用を負担することになっている。

3―M社事業地の地元住民からみた産業造林：地元住民側の論理

地元住民にとっての〈森林〉

(1) 事業地の景観（土地形態）

M社による産業造林が始まる前、事業地全域の大まかな土地形態は、「森林」約23・3%、「藪《やぶ》が混在する農地」約64・5%、「草地」約8・1%、「農地と住居の混在地」約2・6%、「その他」約1・6%であった(15)。「藪が混在する農地」でいう農地とは主に焼畑であり、藪は焼畑跡地にゴム等が植えられたり、放棄されて二次林(16)へと回復していくことで生じたものと思われる（多くのゴム林は、「粗放」な管理のため二次林と見分けがつきにくい）。「森林」が少なくこうした「藪が混在する農地」が多いのは、焼畑農業が広範囲に行われてきたためであり、地元住民による〈森林〉（森林・草地）（以下〈森林〉と略す）(17)の主要な利用形態が焼畑農業とゴム栽培であったことを示している。なお、土地の形態は非常に流動的で、「森林→焼畑（→草地）→二次林またはゴム林等」の変化はとぎれなく続いており、住民の焼畑活動により荒廃地が生じるケースは少ないようである(18)。

(2) 地元住民による〈森林〉利用

この地域では住民の約8割が農業を行い、さらにその約6割が焼畑（移動耕作）を行っていたという(19)。焼畑を行っている世帯数は、正確なところは不明だが、約1万世帯とも推計される(20)。多くの場合、各人が使う焼畑用地は決まっており、1ヵ所あたり1・5～2ヘクタールの土地を2～3年間耕作しては、次の場所へと耕作地を移していく。各人が「所有」する焼畑用地は、狭い範囲に固まっていることもあれば、広い範囲に散らばっていることもある。なお、この「所有」は、慣習的な権利であり、法律上認められたものではない。

焼畑農民は集落に定住居を持つことが多く(21)、その場合、住居から3～15キロの範囲に焼畑およびその休耕地を持ち、焼畑のほかにも集落周辺に1ヘクタール未満の定着農地（常畑、果樹園等）を所有することが多い。小規模なゴム園を持つ者も少なくない。定住居を持たない場合、焼畑内に仮小屋を作りそこで生活する。定住している場合に比べて多くの焼畑用地を持ち、そのため焼畑の休閑期も長い(22)。彼らは耕作跡地にゴム等を植え現金収入源にすると同時に「所有」の目印としている。

地元住民は牛や山羊を飼い、通常は住居や畑の近くで放牧しているが、頭数が多くなると広い草地を利用する。草地を利用する場合、若い草を得るために火入れを行っている。

森林では、薪、材木（畑や庭の柵、家屋、小屋の材料）、薬草等を採取している。薪を採る頻度が最も多く、主要な燃料として生活に不可欠である。

地元住民にとって〈森林〉とは、焼畑用地・ゴム林・放牧地等の農業用地であり、薪をはじめ生活に必要な森林産物を採る場所である。さらに、現在利用していない場所も、将来の農業利用や森林産物採取の予備地でもある。いわば現在の生活を支える基盤であり、またいざという時の開発利用予備地としての役割もある。

(3) 〈森林〉の「所有」概念

先にも書いたように、多くの場合、各人が使う焼畑用地やゴム林は決まっており、慣習的にはそれぞれの「所有」地となっている。「所有」地かどうかは、目印の有無で決まる。目印となるのは、休閑期間が短い場合は前回利用した時に作った猪よけの柵、長い場合は前回利用後に植えたゴム、ミカン、ジャックフルーツ等の特定の木である。これらの目印がない土地は誰でも自由に使えることになっている。そして、自由に使えるのは地元住民に限らず、M社さえも含まれる。

4―産業造林が地元社会にもたらす損害と恩恵

産業造林がもたらす損害

産業造林が地元社会にもたらす最大の問題は、造林用地の大規模確保が地元住民の土地利用と競合することである。このことに関してさまざまな問題が生じている。

(1) 土地収用の問題点

M社は、事業対象地内で「所有」地を持つ者に対しては、土地を提供してもらえるよう交渉し、提供した場合には産業造林連結型移住事業への参加機会を与えたり、補償金を出している。だが、事前交渉の際に譲渡を強制されたり、提供を拒もうとすると政府の方針に逆らうことを非難されたケースもあるようだ。土地収用(23)の補償にしても、補償額が通常の土地取引価格より低い、産業造林連結型移住事業への参加機会を与える以外は何の補償も用意されない、また、そもそも何の補償もなかったなどの報告がある(24)。

また、事前交渉が持たれるのは、「所有」地であることが明確な場合である。「所有」の目印がわかりづらい場合や、誰かの「所有」地であることは明らかだがその「所有」者がわかりづらい場合に、そのまま造林されることもあるようだ。また、「所有」地であることも、その「所有」者もはっきりとしているのに、事前の話し合いもなく造林されることもある。これは、正確な地図がないため現場作業員が誤って「所有」地を造林してしまう場合などもあるが、夜中に集落近くの森が伐採されたり、住民が放牧地である草地には造林しないでほしいと頼みにいっても無視された、などの報告もある(25)。

こうした無断収用の問題は、定住居を持たない焼畑農民の土地においてとくに大きい。これは、彼らが定住居を持つ農民に比べて、焼畑の休閑期間が長く、広範囲に多くの焼畑用地を「所有」しているためと思われる。つまり、休耕期間が長いため「所有」地とわかりづらい休耕地が多かったり、「所有」地とわかったとしてもM社が交渉相手が誰なのかを探し出しにくいためであろう。一方、定住居を持つ焼畑農民の場合、休閑期が短いため「所有」地だとわかりやすく、また焼畑用地が集落周辺にあるので「所有」者も探しやすい。さらにM社は集落との争いを回避するために集落周辺の用地確保には慎重である。

住民が土地の提供を拒んだ場合、M社は法律上の所有権の有無にかかわらず、彼らの土地を事業対象外とする方針をとっている。とはいえ、次のような経緯で結局造林地に組み込まれることもある。まず、M社は住民が現在利用している土地を強制的に収用することはないが、休耕地に関しては先述したような無断収用が発生することがある。そのために焼畑用地が少なくなった場合、農民は残された用地を短いサイクルで使い回すか、定着農業を営むことになる。そして、畑の生産力維持に失敗すると、そこからほかの地域へ移動せざるをえなくなる。このとき、近場に移動先が見つからない場合は焼畑跡地を放棄するしかなく、こうした放棄地は造林用地に組み込まれていく。定住居を持たないで焼畑農業を行う者は、焼畑用地を知らない間に造林されやすいし、従来とは異なる定着農法にも不慣れなため、こうしたケースに陥りやすい。

こうした収用にまつわる問題は全地域で共通のものもあれば、場所ごとにその内容、程度が異なるものもある。

(2) 造成された森林の問題点

産業造林により高蓄積の森林が急速に増えたが、その森林はこれまで住民が利用してきた〈森林〉とは大きく違う。すでに述べたように、地元住民にとっての〈森林〉とは、焼畑やゴム、放牧に使う農業用地であり、薪をはじめさまざまな森林産物を採る場所である。一方、造林地においても「トゥンパンサリ」(Tumpang Sari)(26)と呼ばれる林間作付けが可能だが、当然ながら土地に対する権利はもてない。また、数年すると、植林木が生長して日光を遮るため作付けはできなくなる。何年か後に植林木を伐採収穫して跡地で再植林を行う場合に、もう一度林間作付けをやらせてもらえる保証もない。耕作後にゴム林を作ることはできず、産業造林連結型移住事業に参加する者に与えられるゴム園にしても1ヘクタールにすぎない。造林地内での放牧は可能だが、若い草を得るための火入れができないなど草地での放牧と比べて劣る。薪は集められるが、住居や畑の柵用の木材を採ることはできないし、薬草等も存在しない。さらに、これまでの〈森林〉には「無主」の地があり、誰でも自由に開墾できた。しかし、新しく造成される森林はすべてM社の土地となり、住民が自由に利用する場所はなくなる。

地元住民にとって有益な〈森林〉がなくなり、利用価値の低い森林が拡大しているのである。

産業造林による恩恵とその内容　M社は産業造林の展開によって地域社会に貢献することを設立目的としている。たしかにさまざまなよい影響が表れてはいるが、内容は必ずしも十分ともいえない。主要なものをみていこう。

(1) 賃労働機会の拡大

事業地はもともと賃労働が非常に少ないところであり、地元住民は機会があれば競って参加していた。産業造林開始により機会が増え、それを歓迎する住民も多い。しかし次のような問題点も指摘されている。

まずは、労働機会の安定性の問題があげられる。たしかに以前に比べれば労働機会は増えているが、個々の住民からみた場合にはその機会は安定して提供されておらず、希望しても働けないことも多い。これには、労働需要の増加以上に労働供給が増えたことが拍車をかけている。つまり、産業造林連結型移住事業に参加するために、ジャワから移住してきた人や、産業造林での賃労働をあてにして周辺の地域から出稼ぎにきた人などが増えたため、労働供給が過剰になっている。その結果、労働機会をめぐる住民間での競争が厳しくなった。

また、賃金の低さという問題があげられる。M社は、労働者グループに仕事を請け負わせることで労働契約を結んでいる。仕事量と支払金額があらかじめ決まっているので、作業がはかどれば一日当たりの賃金は高くなり、終了までに時間がかかると日当は低くなる。事業地全体の平均ではほかの賃労働と同程度の賃金水準のようだが、M社自身が定めている最低賃金（日当2300ルピア）(27)を下回ることも珍しくない。また、労働者グループが直接にM社から仕事を請け負うのは産業造林連結型移住事業の参加者だけで、そのほかの場合は仲介業者が間に入る。業者のなかには、高額の手数料・経費をとる者や賃金の支払いを渋る者もいる。働く機会が少ないため、業者は労働者確保に困らない状況が影響していると思われる。

(2) トゥンパンサリ（林間作付け）

M社は地域住民と良好な関係を築くために「住民支援計画」を実施することにしている。これには、林間作付けの実施、住民のための農地開発、薪炭林の造成等さまざまな活動が含まれているが、一九九四年六月の時点で実施されていたのは林間作付けのみのようであった。林間作付けに参加することで、地元住民は合法的に国有林内で農耕できるようになり、またそれまで農地を持たなかった住民も農耕を行えるようになった。林間作付けの実施面積は、一九九三年度までに合計5127ヘクタール（全造林実績の約3・8％、のべ2500世帯以上が参加）(28)となっている。この数値はM社側で把握しているものであり、M社に無許可で行う住民の分も含めると、実際にはもっと多くの住民が林間作付けを行っていると考えられる。

林間作付けの問題点は、すでに述べたとおり、耕作期間が数年間と短く、恒常的な農地とはならない点である。将来にわたる農地確保という視点でみると不安定といわざるをえない。

また、林間作付けが造林用地確保の一手段として機能することもある。M社は、土地の「所有」者と林間作付け契約することで彼の土地を造林地へ組み込むことができる。契約者には、整地作業や植林作業の報酬として賃金を支払うだけでよいので、非常に安上がりな用地確保の手段となりうる。

(3) 産業造林連結型移住事業

事業参加者には産業造林での雇用が保証されるほか、権利書つきの住居や家庭菜園（0・25ヘクタール）、ゴム園（1ヘクタール）が与えられ、一年間の食糧等生活必需品が支給される。村には学校、教会、診療所、集会所等の社会資本も整備される。五年間は移住省の管轄下におかれ、自立に向けての必要な物品・資材の配布、きめ細かな指導を受け、生活水準が改善されることになっている。

しかし、実際には産業造林での賃労働が保証されるという約束は守られていない。入植して半年間一度の仕事も回してもらえない村すらもあり、住民は強い不満を抱いている。これはすでにみたように、労働の需要と供給のバランスがとれていないことが一因ではある。さらに、移住事業の開始が一九九二年度と、産業造林の開始より遅れたために、「M社—仲介業者—労働者」という請負システムができあがってしまい、後から来た移住者はそこへの参入が難しかったという経緯もある。また、最低賃金水準が守られない、現場までの送迎がつかない、労災に対する補償が不十分など労働契約の多くの事項が守られていないことに不満の声も高い。産業造林連結型移住事業は産業造林での賃労働を中心として生計をたてることが前提とされており、こうした問題は生活の根幹にかかわる問題である。

一方、生活環境面では生死にかかわる深刻な問題はない。しかし、当初約束された生活環境整備が十分ではなく不便を強いられている。たとえば、乾期に井戸が枯れ、水汲みの重労働を強いられる村もある。

M社は、移住村と頻繁に意見交換を行い、それをもとにさまざまな支援を行うことにしている。これまでに、協同組合への融資や発電器の供与等を行っており、この点は住民からも高い評価を受けている。しかし、再三の話合いにもかかわらず、最重要な産業造林での労働に関する改善はかんばしくない。現在のところ、移住村での暮らしは入植前に約束されたようなバラ色の生活とはほど遠く、なんとかぎりぎりの生活を確保している状態といえる。

補償手段としては不十分な恩恵

M社や政府が提示する恩恵の内容を賞賛する住民もいる。彼らの多くは、土地の収用を受けずに従来の生活を続けながら、さらに恩恵に浴する者たちである。そもそも産業造林がもたらす恩恵は、土地収用の補償手段としてではなく、地域貢献策として実施されており、産業造林により土地を収用されたかどうかにかかわらず受けることができる。彼らからすれば、産業造林は地域貢献策としての役割を果たしている。

しかし、土地を収用され生活基盤を失った者からみれば、恩恵の内容は非常に不満足である。産業造林での賃労働機会は不十分で、かつ場合によっては低賃金であるため、賃労働を主体に生計を立てることは難しい。林間作付けの機会はいまのところ十分であるが、将来にわたって安定した農地確保は保証されておらず、これを主体にして生計を立てることも不安定である。産業造林連結型移住事業への参加機会もいまのところ十分であるが、そこでの主業となるはずの産業造林での賃労働機会が不安定であり、やはり生活は厳しい。M社や政府が提示する恩恵は、現在のところ、土地収用の補償手段としてみるならば不十分といわざるをえない。

5—「森林の再生」か「〈森林〉の破壊」か：差別的構図の存在

事業実施側と住民側との見解の相違

政府・企業からすれば、産業造林とは、草地や灌木地でしかなかった土地に高蓄積の森林を造成することであり、「森林の有効利用」、「森林の再生」事業である。しかし、地元住民にしてみれば、産業造林とは、それまで彼らが利用してきた草地・灌木地等の有用な〈森林〉を「破壊」し、生活スタイルの変更を否応なく迫るものである。

この表現の差は、それぞれが「森林」に求める役割の違いから生じている。政府・企業は、国家経済開発政策や森林資源政策上、産業用の木材資源を求めており、事業対象地は「低利用」にあり、「有効活用されていない」状態に映る。一方、地元住民は、焼畑・ゴム林・放牧地等の農業用地、薪・材木・薬草等の森林産物の採取地としての役割を森林に求めている。事業対象地は、草地・灌木地を主体とするなだらかな丘陵地帯であり、利用できない荒廃地も少なく、十分「有用な」状態であった。

国家開発が抱える差別的構図

政府・企業と地元住民とでは立場が違い、それぞれに言い分をもつが、どちらの言い分が優先されているのかは明らかである。政府・企業は、地元住民の承諾もなく一方的に事業の推進を決定した。また、M社の場合、設立目的に地元社会への貢献を掲げているが、土地を収用された住民に対してその犠牲を償うものでない。土地の強制収用を行わない方針は高く評価できるが、住民が従来の生活を続けることまでを保証するものではない。

これらの行動の底に流れている考え方は、地元住民よりも政府・企業が森林を有効かつ適正に運用・管理できるのであり、そして地元住民の利益よりも国益が優先されるという考えであろう。また、地元住民の旧来の生活形態は「効率的」ではなく賃労働や定着農業へと主業を変えることは彼らのためにも望ましいはずだという考えもあるかもしれない。

しかし、地元住民よりも政府・企業が森林地帯を有効かつ適正に運用・管理できるという考えは、一面では正しいが絶対でもない。そのことは、今回の森林火災が証明している。また、焼畑はたしかに粗放な土地利用形態であるが、人口密度の低い地域（土地が豊富で、人が少ない地域）における最も効率的な農業形態である。そして、この地域では、自然の回復力が旺盛で焼畑跡地は容易に植生が回復しており、破壊的な土地利用形態ともいえない。国益が住民の利益よりも優先するという考えは、最終的には住民の利益につながるものかもしれないが、当面一方的に犠牲を強いられるとすれば、住民には容易には受け入れがたい。住民にとっても職業・生活スタイルの変更は望ましいはずだという考え方は、好ましい結果をもたらすこともあろうが絶対ではない。そもそも住民はやりたい仕事・生活を選択する権利があり、別の機会を設けたからといって、無条件に土地を明け渡してそれに従事せねばならぬ理由はない。

結局、残念ながらこれまでの産業造林には、政治的・経済的に圧倒的な力をもつ政府・企業（社会的強者）が、力をもたない地元住民（社会的弱者）に、自己の論理・価値基準（主観）を押しつける構図がみられる。政府・企業は、国家発展という大義名分のもとに開発優先、効率優先の姿勢をとり、地元住民に負担を求め、その犠牲の上で国際競争力をつけ、国力を増強しようとしている。ここには、社会的強者により目標・論理が一方的に決められ、それに基づいて、犠牲になる者とそれを肥やしにする者とが、これまた一方的に線引きされるという、差別的構図をみることができる。

問題の解決に向けて

こうした差別的構図は、なにも産業造林やインドネシアに限ったことではなく、程度の差こそあれ、古くから全世界のさまざまな開発事業においてみられる伝統的なものともいえる。この問題は難しくも複雑であるが、解決へと向けた基本的なスタンスは、「生活者の視点」で問題を考え（生活環境主義）、生活者の主張を優先する（Putting People First）ことであろう。このことは、産業造林においては、住民に対して安直に犠牲を求めない、支払われた犠牲は必ず償われなければならない、という方針になろう。具体的には、事業実施前に公聴会を開くなどして意志疎通を行い、話し合いをもとに土地総合利用計画図を作って互いの土地利用の競合を可能な限り少なくする、やむをえず土地を収用せざるをえないときは補償を十分行う（産業造林の恩恵を優先して配分する）等々があげられよう。

これまでインドネシアの産業造林は、スハルト政権の下で開発優先のスタンスで進められてきた。政変を経て民主化の波が高まりつつあるいま、産業造林が住民を尊重した形で展開されるよう願ってやまない。

注

（1）佐藤雄一「経済危機・政変後の激動のインドネシア森林セクター——現象の側面から」『熱帯林業』49号、二〇〇〇年、一六頁。

（2）ルイス・S・サイモンズ「熱帯雨林を追いつめるインドネシアの森林火災」『National Geographic』日本語版、一九九八年八月号、一三八頁。

（3）「造林」とは、現在ある森林に手を加えて目的にあった森林に仕立て直したり、木が生えていない所に新しく森林をつくること。造林方法は、苗木の植栽（植林）、種子の播き付けなどの人為的な方法により森林を造成する人工造林と、主に天然の力によって次世代の樹木を発生させる天然更新とに大きく分けられる。それぞれに生産目的の造林と非生産目的のものとがある（森林・林業・木材辞典編集委員会『森林・林業・木材辞典』日本林業調査会、一九九三年）。

（4） 国際連合食糧農業機関（ＦＡＯ）『世界森林白書一九九七』国際食糧農業協会、一九九八年、二二頁。

（5） 日本は、インドネシアにとって主要な輸出先となっている。一九九八年の年間輸出額に占める割合をみてみると、木材製品部門で約21・7％（第一位）、紙・紙製品部門で約5・8％を占めている（第四位）（Export Statistics Division, *INDONESIAN EXPORT BY ISIC CODE 1997-1998*, BPS-Statistics Indonesia, 1999をもとに試算）。

（6） 佐藤雄一「インドネシアの木材産業の問題と政策の動向」『木材情報』二〇〇〇年一二月号、八頁。

（7） インドネシアの森林はすべて国有地であり、その区分は次の通り。「保安林」（20・0％）、「保存林」（12・9％）、「制限生産林」（20・0％）、「普通生産林」（22・4％）、「転換林（農地、宅地等に転用する予定の森林）」（22・4％）（Statistical Report Division, *Statistical Year Book of Indonesia 1999*, BPS-Statistics Indonesia, 2000：214をもとに試算）。

（8） ツツジやナンテンなどの高さ二メートルほどの低い木からなる林。

（9） インドネシア政府は産業造林を行う目的として、「原木の安定供給による木材産業の強化」「雇用機会と事業機会の拡大」のほかに、「荒廃地の緑化による環境保全」をあげている。

（10） 生態的にみて何回まで再造林が可能なのかは、現在のところわかっていない。

（11） この事例調査は、一九九三―九四年に財団法人国際緑化推進センターの「カーボン・シンク・プロジェクト」の一環として行われた。

（12） 岡本幸江「南スマトラのパルプ工場による環境汚染」『インドネシアニュースレター』35号、二〇〇〇年、二〇頁。熱帯林行動ネットワーク（ＪＡＴＡＮ）「インドネシア・スマトラパルプ問題これまでの流れ」『JATAN NEWS』38号、一九九九年、二頁（http://www.jca.apc.org/jatan/JN9905SP.html）。

（13）ジャワ島およびその周辺の島々に過度に偏った人口配置および農業生産を是正するために、ジャワ島の農民をほかの島々に移住させ定着農業等を行わせる政策。古くはオランダ植民地時代から行われており、一九九七年度までにのべ約167万世帯が移住した。

（14）組み合わせる理由は、産業造林、移住事業それぞれの欠点を補うことにある。これまで移住事業は、入植初期段階の現金不足から生活の順調な滑り出しが妨げられることがあった。産業造林連結型移住事業では雇用が確保され、移住者の生活が安定することになっている。一方、産業造林は広い面積を必要とする関係で、必ずしも労働力が豊富な地域で実施されるとは限らない。そのため、労働力の確保が重要課題となっていた。産業造林連結型移住事業はそれを解決する。

（15）熊崎実・Lilik Budi Prasetyo「インドネシア南スマトラ州における土地利用の変化と炭素吸収造林」『カーボン・シンク・プロジェクト推進調査事業　平成五年度調査事業報告書』国際緑化推進センター、一九九四年、一四六頁をもとに試算。

（16）その土地本来の自然植生が、災害や人為によって破壊され、その跡にできあがった森林のこと。

（17）通常の森林と草地を含めて〈森林〉としている。正確には「林野」という用語になる。調査地域では、現況の森林と草地が土地区分上は同じ「森林」に分類され、どちらも産業造林の対象となっているので、ここでは両者を一緒に扱う。

（18）スマトラ島南部は石油採掘地として古くから森林内に油井を結ぶ道路網が張りめぐらされていた。その道づたいに多くの農民が森林内へ流入し、焼畑耕作を行うようになった。こうした農民には、以前からこの地域に居住していた住民だけではなく、ジャワ島も含めてさまざまな所から自発的に移住してきた者もいる。この結果、商業伐採が本格化する前（一九六〇年代以前）にすでに多くの原生林は切り開かれ、一九六九年の森林率は30％程度であった（熊崎実・Lilik Budi Prasetyo, 前掲書、一三六―一四七頁参照）。

(19) ＪＩＣＡ『インドネシア国産業造林計画調査ファイナルレポート』および同別冊、ＪＩＣＡ、一九九〇年。

(20) 横田康裕・井上真「インドネシアにおける産業造林型移住事業―南スマトラにおける事例調査を中心として」『東京大学農学部演習林報告』95号、一九九六年、二一六頁より試算。

(21) 正確な推計はできないが、ＪＩＣＡのデータによると焼畑耕作を営む住民の半数以上は定住居を持つとされている（ＪＩＣＡ、前掲書）。

(22) かなりのばらつきがあるものと思われるが、筆者らの調査では、定住居を持つ場合は一〇年程度という回答が多く、定住居を持たない場合には二五年程度という回答が多かった。

(23) 公共の利益となる事業の用に供するため、土地などの特定物の所有権、その他の権利を強制的に取得して、国、または第三者の所有にうつすこと（小学館『国語大辞典』新装版、一九八八年）。

(24) たとえば、ＪＡＴＡＮ「インドネシア・スマトラパルプ問題これまでの流れ」前掲書（注12）参照。

(25) 同書。

(26) インドネシアにおけるアグロフォレストリーの一形態。植林後、植林木の間で陸稲やトウモロコシ、キュウリなどの農作物を栽培する。

(27) Kantor Wilayah Departemen Transmigrasi dan Pemukiman Perambah Hutan Propinsi Sumatera Selatan, "Naskah Kerja Sama Perjanjian Kerja Pengusaha/Pelaksana HTI Dengan Tenaga Kerja/Pekerja HTI (Transmigran HTI)", 1993 : 3.

(28) M社の広報用パンフレット、一九九二年、一九九三年、一九九四年。

第8章　異文化と環境人種主義
――アボリジニーの自然観と文化意識から考える

細川　弘明

1―文化の表層と剽窃

一九九八年一二月初旬、京都でユネスコ世界遺産委員会の年次会議が開かれた。世界遺産条約にもとづいて登録された世界各地の自然遺産や文化遺産の保全状況について、各国政府や専門機関の代表者たちが審議する国連会議である。この年は京都・奈良の社寺群があらたに「世界文化遺産」に登録される予定だったので、会議へのマスコミの注目度も高かった。

先住民族を「応援」する人々

会議参加者たちを議場前の歩道で出迎えたのは、色とりどりのプラカードや横断幕を掲げた一団だった。ひときわ目をひいたのが、元気に跳ねまわるコアラの着ぐるみと、歩道に座りこんで独特の低音を絶えまなく響かせるディジャリドゥー（didjeridu, 細長い木の筒を吹いて鳴らす楽器）の奏者だった。このとき委員会では、オーストラリア北部のカカドゥ（Kakadu）国立公園地域（地図参照、一九五頁）でのウラン開発の是非が大きな論争となっており、議場前の人々は、この開発計画の中止を訴えていたのである。

会議には、開発地ジャビルカ（Jabiluka）の先住民族ミラル（Mirarr）の代表団も来日し、議論のゆくえを見守った。ミラルは、いわゆる「アボリジニー」（豪州先住民族）の一集団である。世界遺産委員会は政府間パネルであり、ミラルにはNGO扱いでオブザーバー参加こそ認められたものの発言権はない。しかし、ウラン採掘に絶対反対の立場をとる先住民族の沈黙の存在《プレゼンス》が議論の流れに与える影響は小さからぬものがあった。

さて、議場入口でアピールを繰り返していたコアラと一群の人々は（実をいえば筆者もそのひとりだったのだが）、ミラルの応援に駆けつけた日本人、オーストラリア人、アメリカ人などで、環境団体や反核団体のメンバー、あるいは個人として参加した人々だった。ウラン採掘による環境破壊を憂え、先住民の意向を無視して強行される開発に憤り、カカドゥの雄大な自然につつまれて生きるアボリジニーの文化に尊敬と憧憬を抱く、要は「善意の人々」であった。

ミラル・アボリジニーは、こうしたサポーターの存在を基本的には喜んでおり、また、大企業と国家の連合軍に対抗するため支援を必要としていたのも確かである。アボリジニーたちは、しかし、コアラとディジャリドゥーには大いに眉をひそめた。応援はありがたいが、絶滅に瀕した野生動物を保護するような感覚でアボリジニーを「救いたい」と思われても困る、ということだ。少数民族をあたかも希少種であるかのように「守ろう」とする態度は、当の人々にとっては差別的な眼差しとなる。それが支援の気持ちから出たものであれ、いや、支援感情の基盤をなすがゆえに、差別の根は深いというべきかもしれない(1)。

筆者自身は、着ぐるみコアラの登場について、さすがにちょっとマズイなあ、アボリジニーが気ぃ悪くするんちゃうか、と危惧した者のひとりである。とはいえ、このコアラ君、日本企業によるオーストラリアでの森林乱伐(2)への抗議運動がかつて繰り広げられた際に大活躍した「由緒あるキャラクター」だったこと、また、問題のウラン開発計画にも日本企業が関与しているという事情があったので、環境保護団体がコアラ君を出動させるには、それなりの理由があったのだった。

文化の象徴としてのデジャリドゥー

ディジャリドゥーについては、すこし話が込み入ってくる。まず背景として次の三点を知っておく必要がある。

(1)アボリジニーにとって（とりわけカカドゥ・アーネム Arnhem 地区の伝統的諸集団にとって）「イダキ」(yirdaki) すなわちディジャリドゥーは、葬礼や成年儀礼など宗教儀式に欠かせない祭祀楽器であり、地域集団・親族集団ごとに固有の複雑なリズムや秘密の歌（神話）の節回しと対応したフレージングが発達している。それはヨソ者が勝手に吹き鳴らしてはならず、儀礼以外でみだりに吹くのも憚られる性質のものである。ディジャリドゥーは、アボリジニーにとって伝統文化の象徴であり、少しうるさい言い方をすれば「文化の知的所有権」と堅く結びついた祭祀具なのである(3)。

(2)一方、アボリジニー文化の観光化・商業化の流れのなかでディジャリドゥーは花形商品である。鮮やかな彩色や紋様をほどこされたディジャリドゥーは、「アボリジニーみやげ」の代表格。伝統文化とは乖離した、その意味では「まがい物」のディジャリドゥーが町のみやげもの店にはあふれている。ディジャリドゥーの商業化、しかも「白人による商業化」は、ミラルのような伝統的なイダキ文化圏に暮らす人々にとって、伝統に対する侮辱であり、文化の正統性への脅威でもある。

(3)儀礼での本来の奏法や規範を離れて楽器としてのディジャリドゥー（しばしば「ディッジ」と愛称さ

写真1　空港のみやげもの店に並べられたディジャリドゥー（オーストラリア・アリススプリングス、二〇〇一年一一月撮影）

れる）の音色の可能性や新しい技巧に自由闊達に挑戦する奏者（その多くは非アボリジニー）が次々と登場し、人気を博している(4)。元来のアボリジニー文化からすれば、まったく吹く資格のない人間が「正しくない」吹き方で演奏し、CDを売って金を儲ける。自分たちの文化が盗まれいじくり回されている、との苦い感情を伝統地域のアボリジニーが抱いたとしても無理はないだろう。

文化の模倣はなぜ拒まれるか

さて、日本にもディジャリドゥー・ファンは多く、自らディッジを吹く個人やグループは少なくない。世界遺産会議にアボリジニーが来日し、ジャビルカ開発反対を訴えることを知った京都在住のあるディッジ奏者は、ミラルたちの記者会見の場での演奏を申し出た。純粋に支援の気持ちからである。しかし、この善意の提案はアボリジニーに冷たく却下されることになる。そのような行為、つまりアボリジニーの文化をアボリジニー以外の者が「正しくない」方法で表現すること、そういうことの繰り返しが今日、アボリジニーを社会的に疎外し、その疎外の蓄積の上に、開発による自然破壊や文化破壊がやってきた、との認識をミラルたちは強固に抱いているがゆえの拒絶であった。善意の日本人奏者にとって、アボリジニーによるこの拒絶は、まったく予想外のことで、その理由が理解できないらしかった。

この奏者の名誉のためつけ加えると、彼は決して「下手」な吹き手ではない。ディッジ奏者として日本ではトップクラスの技巧の持ち主だろう。しかし、彼にはアボリジニーの土地との個別的なつながりはなく、それゆえ儀礼の歌詞と対応したリズムも持たない。そのような演奏であれば、アボリジニーの価値観によれば、意味がないばかりか有害ですらある。土地を守る（これは私たちの語感に翻訳すれば「環境を守る」というのに近い）闘いの場で、そのような有害な音を鳴らすわけにはいかない。イダキの響きはパワーに満ちたものであり、それだけに「正しくない」演奏は（アボリジニーの発想に即していえば）「文化的な危険」をはらむ（乱暴に訳すと「縁起でもない！」）のである。

さてここで、いささか難しい問題が生じる。ディッジを吹くことはアボリジニーに対する差別だろうか。そして、こういう問題は「環境問題」なのだろうか。

無理解は差別か

差別かどうか、という点について結論は簡単には出ない。それを差別とみなすアボリジニーもいれば、そうは考えないアボリジニーもいるからである。だが留意すべきは、この価値観を異にするアボリジニーどうしの間に深刻な社会的乖離があるということ。多くの場合、前者（差別であると受け取る人たち、いわば伝統派・原理派）が開発や環境破壊の直接の犠牲者ないし当事者であるにもかかわらず、オーストラリア一般社会では後者（差別であるとは受け取らない人々、現代派・宥和派）の声が優先的に紹介される傾向がある、という事実である。この乖離は基本的には地方対都市の価値観のズレであるが、各共同体のなかで両方の考え方が対峙することも珍しくない（都市にも原理派はいるし、遠隔地のアボリジニー自治区の村にも宥和派はいる）。

このような状況は、それ自体、アボリジニーたちにとって少なからぬストレスをもたらす。外部の人間にとっては、たかが楽器を誰がどう演奏するか、といった些末ともみえる問題が、アボリジニーの伝統的世界観の文脈では、アボリジニーと土地・環境世界との神話的つながりを尊重するか軽視するか、という「原則問題」にほかならないのであるから。少なくとも、こういった政治文化的な背景を理解しないまま「ディッジを吹いてアボリジニー文化に親しもう」などと能天気な態度をとるべきではないだろう。

さて、こんなことまで「環境問題」の枠組みで配慮しなければならないのだろうか、と疑問に思う読者もあるかもしれない。加害者／被害者、あるいは受益者／受苦者が、同一の文化集団に属するか否かによって、事情は大きく違ってくる。だが、環境問題の歴史において、被害者の苦しみが物理的な被害の次元に留まった事例は皆無なのではないか。水俣然り、足尾然り、サラワク然り、ブキメラ然り、チェルノブイリ然り、そしてジャビルカ然りである。共同体と地域の固有なつながりを暴力的に分断するというのが、地域的次元での環境問題の本質的特徴であるとすれば、ここで述べてきたような文化的価値観にかかわる「こだわり」は、まさしく環境問題の重要な構成要素にほかならないのである。

2―アボリジニーが言語を失うということ

環境と言語の感応

筆者はオーストラリア北西海岸のブルーム（Broome）で八五年以来、断続的に先住民社会の調査を続けている。そのきっかけは、この町にヤウル（Yawuru）語の

写真2　ブッシュ・キャンプをするヤウルの人々（オーストラリア・ローバックプレインズ、一九八六年八月頃撮影）

話し手が残っていることを偶然「発見」したことだった。ヤウルの人々は、もともとブルーム南方の海岸サバンナ地帯に暮らす狩猟採集民だった。町に住むヤウル系の一家族と親しくなって言葉を教えてもらったのだが、当初は、だいぶ自分たちの言葉を忘れかけているなぁ、という印象を受けた。彼らはふだん、ヤウル語よりも英語やクリオール語を話すのである[5]。やがて一緒に狩りや魚捕りに出るようになって驚いたことに、彼らはユーカリやアカシアの樹々が散在する草原で、マングローブの森の中で、干潟や礁湖で、あるいは海岸砂丘でのキャンプで、実に生き生きとヤウル語を使うではないか。町で尋ねたときは「わからない」と言っていた動詞の複雑な活用もさらりと操っている。忘れたと言っていた単語も次から次へと出てくる。ところが町に戻ると、またヤウル語を話さなくなる。彼らどうし家族のあいだですら、である。

言葉というのは、機械的な通信コードである以前に、特定の状況・場所・空気と分かちがたく結びついた、すぐれて環境感応的なものだから、このような現象はむしろ当然なのかもしれない。ヤウルに限らずアボリジニーの文化では、特定の土地に宿る精霊と人間（の行為）との関係がすべてを左右すると信じられている。言語も特定の土地と強固に結びついている。自分たちの言葉を話すには、自分たちの土地がなくてはならない。アボリジニーにとって土地とは、場所固有の精霊を通じて人間の日々の営みが保障される代替不可能な感応空間なのである。

ヤウル語では土地をブル（buru）という。ブルという語は、「地面」や「砂」を即物的に意味することもあるが、ひろく「大地」や「海」をも意味し、また「時間」や「時代」を意味する語でもある(6)。「環境」と意訳してもいいだろう。彼らが自らの言語を話さず、心理的に封印してしまうのは、まさに環境の喪失感を反映した現象である。

アボリジニーが自分たちの領土を歩くのについていくと時々経験することだが、彼ら彼女らは自分たちの臭いを土地の精霊に嗅がせている。水場で脇の下をさっと洗ったり、木の枝に手のひらを擦りつけたりする。老人であれば、精霊の歌を小声で口ずさむ。また、頻繁に鳥の鳴き声を口まねしたり、ときには踊るように、ときには手と腕だけでさりげなく動物のしぐさをする。そのような様式化された身体表現を通じて、アボリジニーは訪れる時空との密接なつながりを保つべく細心の注意を払う。特定の言語を使うか使わないか、ということも、こういった一連の行動の文脈のなかに位置づけられるのである。

言語の封印を解くには

ヨーロッパ的な合理主義の発想をすれば、ある言語を話すか否かは個人・集団の主体的意思であり、民族の言葉を存続させたければ、故地を追われても環境が激変しても、その言葉を使いつづけることが大事だ、ということになるだろう。固有の民族語を失うことは民族意識の欠如とみなされかねない。

アボリジニーの文化において、言語とはそのような自律システムではない。環境が破壊されれば、その言語を使う意味が失われるのであり、環境と切り離して言葉を使うことは文化的に「正しくない」のである。

こうした価値観の齟齬が人々にもたらすストレスの大きさは、想像を絶するものがある。ヤウルの人々は、使おうと思えば町で家族どうしでヤウル語を話すことができるはずであるが、あえて話さない。その、やや頑なにもみえる態度は、行政官や研究者によって「伝統文化の衰退」と形容されてしまう。

ヤウルが町に住むようになったのは、自分たちの土地をヨーロッパ人に取り上げられ、追い出されたからである。現在では、アボリジニーの先住権を認めて部分的に土地を返す制度もできた（一九九四年施行）ので、ヤウルの人々も裁判所に請求を出して政府と交渉を続けている。しかし、交渉はヤウルにとって白人社会の法律用語・行政制度・裁判戦術・弁護士による引き回しなどとの際限ない闘いでもある。

先住民族の権利回復や補償のための諸制度が次々とできると、アボリジニーが優遇されすぎるとして反発する人々も出てくる。一方、そうした制度を使いこなすには、どうしても欧州流の手続きに従い、わけのわからない書類や会議を耐え忍び、あげくは「伝統的であること」の証明のために、アボリジニーからすれば異文化の極致のような場である「白人の法廷」でヤウルの秘密儀礼（成年式などの宗教儀礼）についての説明を求められたりもする（連邦先住権原法では、伝統文化の保持が土地権認定にあたって重要な要件とされているのだ）。

いま述べてきたような状況は、ふつうに日本語で「差別」という用語の範疇には入らないかもしれない。しかし、こうした文化的価値観の齟齬がアボリジニーに対する社会的差別の根底にあることを理解しておくことが重要である。伝統言語の復興に政府予算をつけて、たとえば子どもむけの教科書を作成して教室でヤウル語が学べるようにしたとしよう。一方でヤウルの土地権の回復を認めず、ヤウル語の語彙や語法に細かく反映されているような自然環境の本来の姿が開発圧力のもとで急速に失われていくとしたら、アボリジニーならずとも、何のための言語復興かと疑問を抱かずにはいられない。言語使用の封印を解くには、土地と環境を取り戻すしかないのである。

3――核実験場から核のゴミ捨て場へ

次に、アボリジニーに対する差別と環境問題が連動した最も先鋭的な事例を紹介する。アボリジニーといっても各地にさまざまな地域集団があるのだが、ここでは同じ人々が核開発をめぐって幾度にもわたって翻弄されている。

マラリンガ

一九五〇年代、英国は豪州各地で大気圏核実験をおこない、主なもの（一キロトン級以上）だけで十二発の原爆（主に長崎型プルトニウム爆弾、最大のものは六〇キロトン）を使用し、大量の死の灰を環境中に放出した。うち七発は、五六年から五七年にかけてグレートヴィクトリア沙漠東部（南オーストラリア州）のマラリンガ（Maralinga）地区で、また二発はこれより先、五三年にエミュー・フィールド（Emu Field）地区（マラリンガの北二〇〇キロ）で起爆された。このほか核爆発を伴わないプルトニウム試料破壊実験（マイナー・トライアル）が六〇〇回以上くりかえされ、マラリンガ周辺の土地は、著しく放射能汚染され、閉鎖された。

一連の実験で放射線に曝されたのは、少数のイギリス軍関係者、多数（数千人）のオーストラリア陸軍兵士と実験スタッフ、そして実験場周辺で生活していたアボリジニー（ピチャンチャジャラ Pitjantjatjara、ワンガチャ Wangkatja、ンガリヤ Ngalea、コカタ Kokatha などの集団）と風下地区（とくにクーバピディ Coober Pedy の町）の一般住民であった。

とりわけアボリジニーは、入域被曝・強制移住・土地権回復の制限という三重の苦しみを舐めることになった。核実験に先立ち、アボリジニーは立ち退きを命じられた。土地との強い紐帯をもつ彼らは、そのような馬鹿げた一方的命令に納得するはずもなかったが、列車やトラックで強制的に遠方の宣教村（ミッション）に移動させられ、劣悪な生活条件のもとに収容されることになる。マラリンガ周辺一帯からは、およそ七〇〇人が強制移住させられた。うち五〇〇名近くは南海岸のヤラタへ、また、二〇〇名以上は大陸横断鉄道ではるか西方のカルグーリ（Kalgoorlie, 西オーストラリア州）に送られた(7)。

核実験当時、いくつかの集団は遊動中だったため収容されず、実験後に汚染地区に入域して被曝した。爆心地から二〇〇キロ以上離れた（避難対象外の）地域でもフォールアウト（死の灰の降下）によると推測される健康被害が発生した。なかには、実験の数ヵ月後に爆心地のすぐ近くで野営していたことが後になって確認された人々もいる。これらアボリジニー被曝者に対する医療援助や補償は、現在にいたるもまったく不十分である(8)。

土地に関しては、八一年、八四年、九八年の三次にわたり先住民への漸次的な土地返還がおこなわれ、現在では、約二〇〇平方キロの実験場の大部分について原則としてアボリジニーの土地所有権が回復している（ただし個人的な財産権ではなく、共有地としての位置づけである）。放射能の除染作業も進んだが、

図　オーストラリア位置図（- - -▶はアボリジニーの移住経路）

最も汚染度の高い地区では継続居住がいまなお禁止されている。

ウラン採掘の脅威

さて、ここで注目したいのは、西オーストラリア州へ移住させられたグループである。核実験によって故地を追われた人々は、移送先のカンディリ（Cundeelee宣教村、カルグーリの東方）に収容されたり、一部はカルグーリの町のスラムに流入したりした。七〇年代になって、カンディリの北方にあるオフィサー盆地（Officer Basin, マルガロック Mulga Rock 地区）で日本の動燃事業団（当時）によるウラン鉱脈の探査、ひき続いて大規模な試掘（V字溝の穿孔）が始まった(9)。

カンディリの人々（おもにワンガチャ系アボリジニー）は、この掘削活動による環境汚染を心配し、政府による調査を求めたが、ウラン産業を州経済の将来の柱のひとつと考える州政府は取り合わなかった。

もともと非自発的な形での移住を余儀なくされたワンガチャのなかには、故郷（マラリンガ方面）により近い内陸沙漠での生活に戻ることを強く希望する人々がいたが、ウラン開発の脅威は彼らの帰郷運動にいっそう勢いをつけることになった。その後、九〇年代後半になって、州境の西オーストラリア側にではあるが、西オーストラリア州政府との数年にわたる交渉をへて、彼らの一部は土地への権利を復活させることに成功した（いわゆるスピニフェックス先住権原地域協定）。この協定は、その後、連邦裁判所によって正式に認知(10)され、面積としてはオーストラリアにおける最大の先住権認定区となったが、これとてもマラリンガ核実験で土地を追われた人々のごく一部を対象としたものにすぎないのである。

核廃棄物の埋め捨て計画

マルガロック地区で旧動燃が試みたウラン採掘は、鉱石の純度が期待ほど高くなかったことやウラン開発をめぐる政治情勢の変化などから、結局、中断したままである。試掘坑などはそのままで、環境復元の見通しはたっていない。それがただちに広域的な環境破壊につながるとはいえないが、オーストラリア内陸乾燥部の地下水脈が実は非常に豊かで流域面積も大きいことを考えると、廃坑からの放射能汚染がアボリジニーの生活圏におよぶ可能性は一概に否定できない。

ところが話はここで終わらない。最近になって、核のゴミの国際集中処分場の「有力な立地候補地点」としてこの地区が挙げられていることが判明したのである。米国パンゲア社が実施主体となって、世界中の原発関連施設と核兵器施設から出る高レベル放射性廃棄物の埋設を引き受けよう、という話だ。半永久的に土地を封鎖することになり、また地下水への放射能漏洩の可能性も批判派の研究者によって指摘されている、この大胆な処分場立地計画について、ワンガチャの人々も、また、もともとこの地域の先住者であるほかのアボリジニー集団の人々も、何の相談も説明も受けていない(11)。

マラリンガ核実験で土地を追われた人々が、その後も執拗なまでに核開発の負の遺産を押しつけられ続けている現実――しかも、核産業がこの人たちを狙い撃ちしようと意図したのではないにもかかわらず、彼らの受苦が繰り返されてきたこと――は、そこに偶然の経緯があるにせよ、単に「運が悪い」では済まされない必然性・社会性がそこに潜んでいることを示している。

4―より深い理解の地平にむけて

本章でとりあげた問題群は、私たちの常識的な理解と問題分類の基準からすれば、それぞれに性質の異なる問題とみなされるかもしれない。ふつうの意味では「差別問題」や「環境問題」の範疇に入らないような事柄も含まれていたはずである。核実験による強制移住から核廃棄物処分場の押しつけにいたる事例が、「環境人種主義」におけるいわばハードな事例であるとすれば、ディジャリドゥーや言語をめぐる意識の問題は「ソフトな人種主義」の事例ということもできる。しかし、アボリジニーたちにとっては、どれも自分たちにふりかかる共通の問題、同一の地平の問題として認識される。そういった理解の地平を共有することができるかどうかが、先住民族の自然観と文化意識を考える際に、まさしく問われるのである。

注

（1）本章で「環境人種主義」（environmental racism）という用語をもちいるのは、「環境人種差別」とほぼ同義ながら、人種差別の行為そのものより、考え方に焦点をあてたいからである。環境保護運動、とりわけ欧米流の原生自然保護主義における「先住民」観（自然の一部としての「美しき未開人」的イメージの残像）については、別のところで批判的に論じたので、ここでこれ以上は立ち入らない。細川弘明「異文化への馴れと理解の澱み」『みんぱく通信』二二巻二号（国立民族学博物館）一九九八年、一五―一七頁。細川弘明「エコロジズムの聖者か、マキャベリストとの同床異夢か」『現代思想』二六巻六号、一九九八年、二六〇―二六三頁。細川弘明「先住民族運動と環境保護の切りむすぶところ」鬼頭秀一編『環境の豊かさをもとめて』講座人間と環境一二巻、昭和堂、一九九九年、一六八―一八九頁。そのほかに細川弘明「環境差別の諸相―環境問題の記述分析になぜ差別論が必要か」飯島伸子編『アジアと世界――地域社会からの視点』講座環境社会学第五巻、有斐閣、二〇〇一年、二〇七―二三一頁も参照。

（2）原生林伐採は、タスマニア州、ニューサウスウェールズ州南東部、ヴィクトリア州東部のギプスランド地方、西オーストラリア州南西部などで、一九八〇年代中盤から現在にいたるまで問題となっている。K・ロジャース「タスマニアと日本を結ぶウッドチップ」『地理』四〇巻八号（古今書院）、一九九五年、四八―五六頁。

（3）ディジャリドゥーをもちいるアボリジニー集団は、実はオーストラリアのなかでも北部・北西部と東部に限られている。すべてのアボリジニーがみな使う楽器ではない。カカドゥ地域のアボリジニーにとっては、重要な祭礼楽器である。

（4）ディジャリドゥーの新しい可能性、また、伝統的価値観との齟齬や商業化に伴う問題点などを、さまざまな立場から考察した興味深い論集として Neuenfeldt, K. (ed.), *The didjeridu : from Arnhem Land to internet*, Sydney : John Libbey, 1997 がある。

（5）ブルーム地域におけるヤウルなど伝統アボリジニー言語とクリオール言語の関係については、Hosokawa, K., "Retribalization and language mixing : aspects of identity strategies among the Broome Aborigines, Western Australia",『国立民族学博物館研究報告』一九巻三号、一九九四年、四九一―五三四頁、の記述を参照。

（6）Hosokawa, K., "The Yawuru language of West Kimberley : a meaning-based description", Ph. D. dissertation, Institute of Advanced Studies, The Australian National University, 1991 : 370ff.

（7）西オーストラリア州に移送された人々は、ワンガチャ（Wangkatja）と総称されることがある。その一部は、近年、土地権訴訟との関係で、ポピヤラチャルジャ（Paupiyala-tjarutja）という新しい集団自称を用いるようになった。いずれも言語的にはピチャンチャジャラに近い集団である。このほか、北側のアーナベラ（Ernabella）などの宣教村（南オーストラリア州北西部）に移動させられた人たちもいた。核実験に伴う先住民族の強制移住と被爆・被曝については、綾部恒雄監修『世界民族事典』弘文堂、二〇〇〇年（「マラリンガ・チャルジャ」の項）、および梅棹忠夫監修・松原正毅編集代表『世界民族問題事典』平凡社、一九九五年（「マラリンガ」の項）を参照されたい。

（8）八〇年代に入り、アボリジニーが土地権を部分的に回復した後になってから、ようやく現地の汚染調査がおこなわれ、英国の報告書よりも汚染の程度が高いことが判明した。一九八四年から事態の総合的検討をおこなった連邦政府特別調査委員会は、マラリンガ地域をアボリジニーの居住が可能なまでに汚染除去する必要性、およびその費用は英国が負担すべきであること、などを答申した（McClelland, J.R., J. Fitch & W.J.A. Jonas, *The report of the Royal Commission into British nuclear tests in Australia* (2 volumes), Australian Government Printing Service, 1985)。英国は二〇〇〇万ポンドの賠償金をオーストラリア政府に支払うことで、九三年一二月、一応の合意をみた。この賠償金は被爆者・被曝者への補償金、医療援助、汚染地域の土壌除去などの費用にあてられることになった。これより先、被曝兵士に対しては、八八年以降、オーストラリア連邦政府による賠償が始まっている。

(9) この試掘事業を実施したのはPNCオーストラリアという会社だが、これは実は日本政府の一〇〇%出資によるものだった。PNCとは、特殊法人動力炉核燃料開発事業団、通称「動燃」(現在の「核燃料サイクル機構」の前身)の英語略称である。

(10) 州政府との協定については、一九九八年七月一日付、オーストラリア国立先住権審判所(NNTT)公式声明を参照。連邦裁判所による認知(consent determination)については、AAP通信二〇〇〇年一〇月一七日付配信およびオーストラリア国立先住民族研究院(AIATSIS)先住権問題調査部(NTRU)刊行の *NTRU Newsletter*, No. 5, 2000 と No. 6, 2000 を参照。

(11) 当然ながら、アボリジニーはこのような計画に対していっせいに反発している。連邦政府もいまのところ、パンゲア社(パンジーア社)の提案を歓迎してはいない(二〇〇一年初頭時点)。しかし地元経済界には誘致に熱心な向きもある。パンゲア社のいささか荒唐無稽ともみえる計画は単なる一企業の思いつきではなく、その背後には、核のゴミの廃棄場を切望する原子力産業の国際的なつながりがあり、一笑に付すわけにもいかない(パンゲア社の技術顧問には日本の原子力推進派テクノクラートも名をつらねている)。

カカドゥ国立公園とウラン採掘（184頁）

オーストラリア北部に位置する**カカドゥ国立公園**は、豊かな自然とアボリジニー文化の聖地を含む地であり、**ユネスコの世界遺産**（複合遺産）に指定されている。

カカドゥ国立公園内の地下には世界有数のウラン鉱脈があり、国立公園指定前から**ウラン採掘**が決定されていた。その開発をめぐって、鉱山会社と、公園内のジャビルカ地区の土地所有権をもつアボリジニーのミラルとの間で、紛争が起こっている。

ミラルの人々は、鉱山会社と交わした土地使用協定は無理やり同意させられたものであり、ウラン鉱山は自分たちの狩猟地区や伝統的な儀礼の場と重なっているため、ミラルの文化を破壊するものだとして、開発に強く反対している。

ミラルを支援するカカドゥ国立公園保護運動は世界規模に広がった。ユネスコの世界遺産委員会では現地調査を実施し、一九九八年に、ウラン採掘・製錬計画によってカカドゥ国立公園の文化・自然に深刻な危機が表れているとして、鉱山の操業中止を勧告する報告書をだした。同年一二月、京都でユネスコ世界遺産委員会が開催された時にはミラルの代表団も来日し、日本の環境保護団体も支援のアピールを行った（185頁）。京都での議論をへて、委員会はオーストラリア政府に対し、科学的見地からみた報告書を二〇〇〇年四月までに提出するよう要請した。

オーストラリア政府の報告書は、独立科学者パネルの検討をへて、二〇〇〇年一二月の委員会で審議されたが、未解決の部分が多く、継続審議になった。

カカドゥ国立公園のウラン採掘は、先進国による原子力発電・核エネルギー推進・開発が、先住民族の土地と文化の破壊をひきおこすという、環境的公正、環境人種主義が鋭く問われる事件である。

（編集部）

参考文献　ユネスコ『世界遺産年報二〇〇〇』平凡社、二〇〇〇年

結　語――環境問題と反差別の接点

環境問題と差別との関連性。これが本論集の主題だ。序章から一連の論考を読んでこられて、差別が個別環境問題の部分としてだけ関連するのではないことが明快だろうと思う。もちろん、この論集におさめられた論考で、差別と環境問題との関連がすべて語り尽くされているわけではない。それどころか、ほんの一部がかすめられ、語られたにすぎないかもしれない。ただ環境問題を考えていく基本に差別という視点が必須であり、環境をめぐる問題現象すべてに通底する解き口、あるいは横断する切り口として差別という現実がある。このことは明快になっただろう。

さて、論集を結ぶにあたり、二つのことだけ述べておきたい。

ひとつは情報環境、世の中に流布されていく環境問題をめぐる言説に含まれた、あるいは仕組まれた差別的なものへの覚醒である。私は、阪神・淡路大震災の新聞報道を手がかりとして部落問題をめぐる言説、言及の欠落という端的な〝陥穽〟を今回、例証した。この〝陥穽〟には、部落問題、部落差別をめぐる、まさに常識的なものの見方、非日常的「問題」としての対応の仕方といった、私たちがふだんその問題に向き合うさまが反映されている。だからこそ、マスコミ報道の姿勢が問題だとか、記者の認識が問題だ、など、ひとごとの対応で終わってはならない問題がそこに孕まれているといえよう。

たしかに環境問題など社会問題は、まさに当該の現実がどのように変革されていくかが問題となる。そこで差別的なできごとがあれば、その解消、変革が問題となろう。ただ、そうした基本的事項と同じくらい、環境問題と差別を考えるうえで重要なトピックがある。言説空間で生成、維持される差別に対して、私たちがいかに向き合えるのかというトピックだ。

地球の声が聞こえる。地球に優しく。自然を守ろう。人間の身体が大切、等々。エコブームの言説が世の中に充満している。これはいわば環境問題への一般的な配慮を要請するものだ。それこそ誰でもができる優しいメッセージとして日常に軟着陸する。たしかに配慮は必要だろう。しかしそれは「環境問題＝配慮の問題」という一般的な枠を日常に浸透させはするが、環境問題の根底に流れる差別と向き合い、その視点から自分の暮らしを批判的にまなざしていく可能性を私たちから〝優しく〟奪っていく配慮でもある。なぜなら、一方で個別問題に関連する差別の様相が、たとえばマスコミなどで十分に語られることはまず、ないからだ。

なぜ、どのようにして、この差別が語られないのか。語られるとしても、なぜ、このようなかたちでしか、語られることがないのか。なぜ、私たちは、ある差別が語られないことに納得してしまっているのか、あるいは気づいていこうとしないのか。また、限られた語り方になぜ、どのようにして慣れてしまっているのか、などなど。こんな問いがわたしのなかで浮かんでくる。言説が差別をうみ、言説のなかで差別が生かされていく。これは、環境問題など社会問題が暮らしの日常へどう語りだされていくのかを批判的に解読する、基本的視点なのである。

いま一つは、差別に対する見方、差別に向き合う姿勢の根本的な転換である。それは、非日常的な「問題」としての差別理解から、日常的な現象としての差別理解へという、まなざしの転換である。忌避、回避すべきできごととしてはじめから否定的にみたり、消極的に差別をみる見方から、詳細に反省、検討に値する積極的なできごと、「生きるうえでの手がかり」として差別を活用していこうとする見方への転換である。

〝差別する（かもしれない）わたし〟の姿を「いま―ここ」で素直に認め、評価する。そして「問題」として整理された差別をめぐる世の中の知識に囚われることなく、できるかぎり「わたし」を開け放っていく。たとえば、〝差別する（かもしれない）わたし〟の姿に向けて「いま―ここ」で語られる他のひとびとの批判的な語りを〝風〟として受けとめ、〝寒さ〟〝暖かさ〟〝爽やかさ〟〝うっとうしさ〟など、そこで感じとる感触や情緒に素直に反応していく、などなど。差別というできごとに積極的に向かっていくとき、わたしが暮らす日常は微細ではあるが確実に地殻変動を起こしていくだろう。

もちろん、〝差別する（かもしれない）わたし〟の姿をいくら丹念に反省しても、それだけでは意味はない。なるほど、わたしの暮らしのここを変えれば、以前に比べて、他のひととこんなにも豊かにつながることができるのか、と実感し、次の現在で「わたし」を少しずつ変えてみる。「生きるうえでの手がかり」として差別を考え、活用していくきっかけは、そんな営みをする自分を心地よく感じるかどうかにかかっているのではないだろうか。この差別への姿勢の転換については、別のところで論じている。より詳しくは、そちらを読んでほしい（好井裕明「差別と日常―『普通であること』の権力をめぐって」藤田弘夫・西原和久編『権力から読みとく現代人の社会学・入門』増補版、有斐閣、二〇〇〇年。好井裕明「社会問題と差別」岩上真珠・川崎賢一・藤村正之・要田洋江編『ソーシャルワーカーのための社会学』有斐閣、二〇〇二年）。

環境問題と反差別の接点はどこにあり、どんなものなのだろうか。結語を書きながら、こんな問いが浮かんでくる。接点。それは、どこか非日常の場所ではなかろう。まさに私たちが暮らす日常の「現在」であり、暮らしの「いま―ここ」なのである。

そして、「反」という言葉。私たちは、まったく冷静に、この言葉と向き合うことはまず、ない。少なくとも「反」という言葉に反応し、心の奥底から、ある情緒のざわめきが沸き起こってくる。この言葉は、漠とした不安や期待を与えるとともに、確実に私たちに対して「動き」「実践」を求めていく。

環境問題を考えるとき、確実に「動き」そこに見え隠れしている差別というできごとを手がかりとして、どのように私たちが日常を考え、動き、日常を少しずつでもいいから、変えることができるのか、日常のなかで私たちが変わることができるのか。「接点」や「反」という言葉は、そうした「動き」を要請していく。あるいは「動こうとしていないわたし」に〝そんなところで固まっていても仕方がないよ〟とばかりに、なかばあざ笑いつつも、「動くことへの勇気」を与えてくれる。

環境問題の根底には、人間やそれ以外の存在を含む〈他〉の排除、〈他〉の侵害、〈他〉の圧殺というできごとがある。このことは個別の環境問題が差別と関連するのではなく、環境問題のもっとも底深くにすでに反差別へのうごめきが存在しているという端的な事実をも示している。そして、環境問題と反差別がかかわりあう場所の原点は「わたし」の身体であり、環境問題を追究する「わたし」は、たんに

〝奪われたもの〟を奪い返し、〝失われたもの〟をなんらかのかたちで復活させるという営みに従事するだけではない。「わたし」はつねに変容する可能性をもつ。そして変容するエネルギーは、「わたし」が差別と出会い、いかに差別を積極的に活用していくのか、を模索し、活用の具体的なあり方を実践していくなかから生まれてくるのである。

この論集が、一人一人の読者にとって、自分の暮らしや思想、日々の実践において、さらに少しでも拡がっていける、深まっていける契機になれば、と思う。

二〇〇三年初春

編者　好井　裕明

入手しやすい基本文献

第1章　差別と環境問題のはざまで

桜井厚・岸衛編『屠場文化——語られなかった世界』創土社、二〇〇一年
田中充編『日本の経済構造と部落産業二一世紀——革新的中小企業への発展課題』増補版、関西大学出版部、二〇〇二年

第2章　屠場を見る眼

鎌田慧『ドキュメント屠場』岩波書店、一九九八年
反差別国際連帯解放研究所しが編『語りのちから——被差別部落の生活史から』弘文堂、一九九五年
反差別国際連帯解放研究所しが編『牛のわらじ——もうひとつの近江文化1』(ブックレット)同、一九九八年
三浦耕吉郎『被差別部落への五通の手紙』リリアンス・ブックレット6、反差別国際連帯解放研究所しが、一九九七年

第3章　回避された言説

岩崎信彦・鵜飼孝造ほか編『阪神・淡路大震災の社会学』全三巻、昭和堂、一九九九年
外国人地震情報センター編『阪神大震災と外国人——「多文化共生社会」の現状と可能性』明石書店、一九九六年
郭早苗『宙を舞う』ビレッジプレス、一九九九年

神戸新聞社編『大震災　問わずにいられない――神戸新聞報道記録一九九五―九九』神戸新聞総合出版センター、二〇〇〇年
小城英子『阪神大震災とマスコミ報道の功罪――記者たちの見た大震災』明石書店、一九九七年
兵庫部落解放研究所編『記録　阪神・淡路大震災と被差別部落』解放出版社、一九九六年

第4章　障害者からみた都市の環境

秋山哲男ほか編著『都市交通のユニバーサルデザイン――移動しやすいまちづくり』学芸出版社、二〇〇一年
石川准・長瀬修編『障害学への招待――社会・文化・ディスアビリティ』明石書店、一九九九年
川内美彦『ユニバーサル・デザイン――バリアフリーへの問いかけ』学芸出版社、二〇〇一年
交通バリアフリー政策研究会編『わかりやすい交通バリアフリー法の解説』大成出版社、二〇〇〇年
斎場三十四『バリアフリー社会の創造』明石書店、一九九九年
東京都福祉局編『東京都福祉のまちづくり条例施設整備マニュアル』第二版、東京都、二〇〇〇年
光野有次『バリアフリーをつくる』岩波新書、一九九八年
村田稔『車イスから見た街』岩波ジュニア新書、一九九四年

第5章　フェミニズムからみた環境問題

上野千鶴子・綿貫礼子編『リプロダクティブ・ヘルスと環境――共に生きる世界へ』工作舎、一九九六年
江原由美子・金井淑子編『ワードマップ　フェミニズム』新曜社、一九九七年
デボラ・キャドバリー、古草秀子訳『メス化する自然――環境ホルモン汚染の恐怖』集英社、一九九八年
ジーナ・コリア、斎藤千香子訳『マザー・マシーン――知られざる生殖技術の実態』作品社、一九九三年

シーア・コルボーンほか、長尾力訳『奪われし未来』翔泳社、一九九七年（増補改訂版、二〇〇一年）
原ひろ子・根村直美編著『健康とジェンダー』明石書店、二〇〇〇年
マレイ・ブクチン、藤堂麻理子・萩原なつ子ほか訳『エコロジーと社会』白水社、一九九六年
フランシス・ムア・ラッペほか、戸田清訳『権力構造としての〈人口問題〉——女と男のエンパワーメントのために』新曜社、一九九八年

第6章　途上国への公害移転

飯島伸子編『環境社会学』有斐閣ブックス、一九九三年
色川大吉編『新編　水俣の啓示——不知火海総合調査報告』筑摩書房、一九九五年
栗原彬編『証言　水俣病』岩波新書、二〇〇〇年
寺西俊一『地球環境問題の政治経済学』東洋経済新報社、一九九二年
日本弁護士連合会公害対策・環境保全委員会編『日本の公害輸出と環境破壊——東南アジアにおける企業進出とＯＤＡ』日本評論社、一九九一年
平岡義和「環境問題のコンテクストとしての世界システム」『環境社会学研究』第二号、一九九六年

第7章　地元住民からみた「森林破壊」

紙パルプ・植林問題市民ネットワーク『沈黙の森ユーカリ——日本の紙が世界の森を破壊する』梨の木舎、一九九四年
国際連合食糧農業機関（ＦＡＯ）、国際食糧農業協会訳『世界森林白書』同協会、各年版
熱帯林行動ネットワーク（ＪＡＴＡＮ）『ＪＡＴＡＮ・ＮＥＷＳ』バックナンバー（http://www.jca.apc.org/jatan/index.html で一部参照できる）

日本インドネシアNGOネットワーク（JANNI）『インドネシア・ニュースレター』バックナンバー（JANNI http://www.jca.apc.org/~janni/）
田坂敏雄『ユーカリ・ビジネス――タイ森林破壊と日本』新日本新書、一九九二年

第8章 異文化と環境人種主義

伊藤孝司『日本が破壊する世界遺産――日本の原発とオーストラリア・ウラン採掘』風媒社、二〇〇〇年
上村英明『先住民族――「コロンブス」と闘う人びとの歴史と現在』解放出版社、一九九二年
白石理恵『精霊の民アボリジニー』明石書店、一九九三年
豊崎博光『核の影を追って――ビキニからチェルノブイリへ』NTT出版、一九九六年
降籏学『残酷な楽園――ライフ・イズ・シット・サンドイッチ』小学館、一九九七年

わ行

ま行

や行

ら行

な行

は行

た行

さ行

事項索引

人名索引

関心分野：アジアと日本の環境問題（特に産業公害）の比較から，その歴史的変遷を考えること。熊本水俣病事件など企業の犯罪的な現象を組織論的に解明すること。

著書・論文：「環境問題のコンテクストとしての世界システム―アジアのフィールドにおける知見の一般化のために」『環境社会学研究』2号，1996年；「企業犯罪とその制御―熊本水俣病事件を事例にして」『逸脱』講座社会学第10巻，東京大学出版会，1999年；「環境問題拡散の社会的メカニズム―日本とフィリピンの関係から」『アジアと世界―地域社会からの視点』講座環境社会学第5巻，有斐閣，2001年ほか。

横田　康裕（よこた・やすひろ）　**第7章**

1970年生まれ。東京大学大学院農学生命科学研究科森林科学専攻博士課程退学。現在独立行政法人森林総合研究所東北支所森林資源管理研究グループ。

関心分野：地域住民が主体となって地域の森林資源を利活用・管理していくシステム作りに関する研究（住民参加型森林管理，エコツーリズム等）。

論文：「インドネシアにおける産業造林型移住事業―南スマトラにおける事例調査を中心として」『東京大学農学部演習林報告』95号，1996年；「新規森林造成に伴う社会的影響の評価」『人為活動による森林・木材分野の炭素収支変動評価』森林総合研究所，2000年；「白神山地における森林ガイド事業の現状と課題―秋田県藤里町・八森町を例に」『林業経済』618号，(財)林業経済研究所，2000年ほか。

細川　弘明（ほそかわ・こうめい）　**第8章**

1955年生まれ。オーストラリア国立大学高等学術研究院（IAS）博士号取得。現在京都精華大学人文学部環境社会学科教授。

関心分野：先住民族の環境知識，先住民族の土地権運動，エネルギー資源論，環境NGO論。

著書・論文：『MOX（プルトニウム燃料）総合評価』（共著）七つ森書館，1998年；「先住民族運動と環境保護の切りむすぶところ」『環境の豊かさをもとめて』講座人間と環境第12巻，昭和堂，1999年；「先住民族の視点から環境を考える」『共感する環境学』ミネルヴァ書房，2000年；「環境差別の諸相」『アジアと世界―地域社会からの視点』講座環境社会学第5巻，有斐閣，2001年ほか。

シリーズ企画編集

鳥越　皓之（とりごえ・ひろゆき）

筑波大学社会科学系教授。

著者紹介（執筆順）

三浦耕吉郎（みうら・こうきちろう）**第2章**

1956年生まれ。東京大学大学院社会学研究科博士課程満期退学。現在関西学院大学社会学部教授。

関心分野：差別問題にたいする啓蒙的アプローチを批判すること。そのために，さまざまな現場に赴いて生の声に接する機会を大切にしていきたいし，そうしたなかから「構造的差別」や「カテゴリー化」といった理論的問題に対峙している「処世の知恵」とでもいうべきものに光をあてていくことになるだろう。

著書：『被差別部落への5通の手紙』反差別国際連帯解放研究所しが，1997年；『暴力の文化人類学』（共著）京都大学学術出版会，1998年；『社会学への誘い』（共著）朝日新聞社，1999年ほか。

麦倉　哲（むぎくら・てつ）**第4章**

1955年生まれ。早稲田大学大学院文学研究科社会学専攻博士後期修了（単位取得退学）。現在東京女学館大学国際教養学部助教授。

関心分野：都市問題，福祉のまちづくり，ホームレスの自立支援，自殺・犯罪防止。フィールドに出て多様な人びとと出会うことを手がかりに，多文化・共生のまちづくりを提案していきたい。

著書：『公共を支える民』（共著）コモンズ，2001年；『阪神・淡路大震災の社会学』第2巻（共著）昭和堂，1999年；『多文化共生の街・新宿の底力』（共著）明石書店，1998年ほか。

萩原なつ子（はぎわら・なつこ）**第5章**

1956年生まれ。お茶の水女子大学大学院修士課程修了。博士（学術）。東横学園女子短期大学助教授，宮城県環境生活部次長を経て，2003年4月より武蔵工業大学環境情報学部助教授。

関心分野：環境・開発・ジェンダー。地方自治における男女共同参画，NPO行政の実態に関する調査研究。

著書：『それ行け！ YABO——子どもとエコロジー』リサイクル文化社，1990年；『ワードマップ・フェミニズム』（共著）新曜社，1997年；「ジェンダーの視点で捉える環境問題ーエコフェミニズムの立場から」『環境運動と政策のダイナミズム』講座環境社会学第4巻，有斐閣，2001年ほか。

平岡　義和（ひらおか・よしかず）**第6章**

1953年生まれ。東京都立大学大学院社会科学研究科博士課程単位取得退学。現在奈良大学社会学部教授。

編者紹介

桜井　厚（さくらい・あつし）**序章・第1章**

1947年生まれ。東京都立大学大学院社会科学研究科社会学専攻修了。現在千葉大学文学部教授。

関心分野：社会問題のライフヒストリー研究。戦後生活史を差別やジェンダーの視点から研究。

著訳書：『インタビューの社会学』せりか書房，2002年；『ライフヒストリーの社会学』（共編著）弘文堂，1995年；『語りのちから――被差別部落の生活史から』（共著）弘文堂，1995年；プラマー『セクシュアル・ストーリーの時代』（共訳）新曜社，1998年；『フィールドワークの経験』（共編著）せりか書房，2000年；『屠場文化――語られなかった世界』（共編著）創土社，2001年ほか。

好井　裕明（よしい・ひろあき）**第3章・結語**

1956年生まれ。東京大学大学院社会学研究科博士課程単位取得退学。京都大学博士(文学)。広島国際学院大学現代社会学部教授を経て，2003年4月より筑波大学社会科学系教授。

関心分野：いまは一般映画，ドキュメンタリーに見られる啓発映像の解読に関心があります。また“差別の日常”を主題とした「差別の社会学」を構想し書き上げてみたいと考えています。

著訳書：『批判的エスノメソドロジーの語り』新曜社，1999年；『排除と差別のエスノメソドロジー』（共著）新曜社，1991年；『語りのちから――被差別部落の生活史から』（共著）弘文堂，1995年；プラマー『セクシュアル・ストーリーの時代』（共訳）新曜社，1998年；『フィールドワークの経験』（共編著）せりか書房，2000年；『実践のフィールドワーク』（共編著）せりか書房，2002年ほか。

新曜社

差別と環境問題の社会学
シリーズ環境社会学6

初版第1刷発行　2003年3月31日©

編　者　桜井　厚・好井裕明
発行者　堀江　洪
発行所　株式会社　新曜社

〒101-0051 東京都千代田区神田神保町2-10
電話　03(3264)4973(代表)・FAX　03(3239)2958
E-mail: info@shin-yo-sha.co.jp
URL: http://www.shin-yo-sha.co.jp/

印　刷　星野精版印刷
製　本　イマヰ製本
Printed in Japan

古紙100%再生紙

ISBN4-7885-0837-0 C1036